U0210465

爱上组合盆栽

小庭院

混栽与装饰技巧

[日]黑田健太郎 著
张 永 译

机械工业出版社
CHINA MACHINE PRESS

前　言

在庭院里摆一些植物，让植物为您的生活增添色彩。
许多人都有这样的想法吧。
但实际上将自己喜爱的植物摆出来的时候，
往往会迷茫，把花盆摆在哪里才好看呢？
即便花朵绽放得异常美丽，如果摆在毫无美感的场所，也会变得索然无趣。
想真正展现花朵的美，“摆在哪里”“怎样摆”相当重要！

园艺店内陈列着众多植物及花盆，令人眼花缭乱，
但专门用来摆放花草的台子、花架却非常罕见。
杂货店或家具店中，也很少有现成的商品可用来摆放植物，
而且摆放植物的台子要在庭院里经受风吹雨淋，不能买太贵的。

“既然如此，不如根据自己的喜好，制作合适的台子。”
我们的园艺店也是以此为契机，开始自己动手制作一些简易的台子、架子，
用来展示店里的植物及混栽作品等。
选择不同的油漆颜色、涂漆方法，即可展现不同的风格，
而且从木材店购买的板材也相当便宜。

本书将为您介绍数种用来摆放植物的台子、桌子、木箱、种植箱，
制作它们仅需若干简单的步骤，并且本书对制作方法进行了详细说明。
当然，关于用植物装饰庭院的诸多技巧，如将植物装饰到上述平台上或容器中、制作盆栽及花坛作品的技巧，也将在本书中加以介绍与说明。
“无须请教专家，无须太多资金，装饰庭院原来如此简单。”
本书的目标就是帮助大家以这样的效果达成愿望。
您能够沉浸在制作道具、享受庭院园艺的乐趣之中，是我们的最大愿望。

首先，请挑选喜爱的花草吧。
然后，自己动手制作精美的展示平台。
将自己种植的花草，装饰在亲手制作的平台上，
怎能不叫人露出满意的笑容？

黑田健太郎

目　录

第 2 篇　将花盆装饰美观

第 3 篇　制造花坛

自己动手DIY的基本技巧及各种道具的制作方法

关于本书

* 书中的植物名称，采用了学名、常用名等较为普遍的名称。
* 开花期、叶子的观赏期，均以日本较为温暖的地区为基准。
* 不同园艺店、不同批次的植物大小会略有差别，请根据您摆放植物的空间选择合适的植株数量。

第 1 篇

制作美丽组合盆栽

将各种花草混栽在一起，制作成美丽的组合盆栽，
然后选择摆放盆栽的场所。
摆在地面或架子上，需要考虑从哪个角度观看才更美观。
结实、厚重的种植箱，显得体积硕大，
将它放在较低的位置，从上方俯视箱内的植物才更自然。
而轻巧的花篮、铁皮容器，最好放在桌子或方凳上，
一抬眼就能看到花篮、铁皮容器内的花草，令人心情愉快。
精心挑选的精美容器，里面种植了各种美丽的花草，
但如果不能随心所欲地观赏，乐趣自然大大减少。
所以为盆栽预备“适于展示”的场所，
才能将盆栽的美最大限度地发挥出来。
在制作盆栽时，最好提前了解植物的习性，
选择那些易于种植、长时间开花的植物。
一个盆栽如果包含太多的花色，会显得凌乱。
所以统一为单个颜色、选择对比色（如紫色与黄色）、
选择类似色（如红色与橙色）、选择同色系（如淡紫与浓紫），
都是让盆栽显得美观、有序的好方法。

方凳的制作方法→p.94～97
盆栽的制作方法→p.12、p.13

OI

轻松提升盆栽的美感
朴素的方凳成了门前的贵宾席

将一盆由多种花草组成的美丽盆栽摆在自家门前，
无论谁登门拜访，定会感到心情愉悦。
如果把盆栽放在地上，人们只能低头俯视，
而将其放在方凳上，则可抬高人们的视线，观赏盆栽的全貌。
早春，将清爽的白花盆栽，放在浅蓝色的方凳上，效果绝佳。
以白色的微型月季“绿冰”作为盆栽的主角，
搭配亮黄色叶子的观叶植物，带来清新自然的早春气息。
较高的方凳上，放置低矮、稳当的花盆，整体效果更协调，
还可让藤蔓植物从花盆垂到方凳上，令盆栽和方凳融为一体。
低矮的方凳上，则放置纵向线条精美的盆栽，营造跃动感。
将高矮不同的两组盆栽错开一定的角度，更可体现出立体感。

【植物的选择·搭配技巧】

以植株较为茂密的微型月季“绿冰”作为主角，搭配纵向线条精美的草、毛茸茸的小花、自然下垂的藤蔓植物，营造出轻盈、活泼的整体氛围。

主要的花草

月季“绿冰（Green Ice）”
蔷薇科　开花期：4—11月

适合成为春季盆栽的主角
清爽的花色非常醒目

月季“绿冰”是一种四季开花的微型月季，花朵尺寸属于小型到中型。“绿冰”花期较长、抗病性强、易于栽培。花朵的白色中带有淡淡的绿色，非常美观。整株的“绿冰”显得茂密、蓬松。花朵枯萎后，可将植株剪为原来高度的一半，这样又可长出新的花蕾。

田车轴草
Trifolium arvense
豆科　开花期：5—10月

小巧、柔软的可爱花序
将春季衬托得更柔和

田车轴草的花序颜色典雅、不张扬，其独特的外观令它也适合成为盆栽的主角。田车轴草可长出众多毛茸茸的花序，与其他植物混栽时可令整体外观更饱满。田车轴草惧怕夏季的高温高湿环境，但可以一直开花到秋季。将田车轴草制作成干花也是个不错的选择。

白雪木

Euphorbia leucocephala

大戟科　开花期：5—10月

白雪木比较耐暑、耐旱，可在春季至秋季随意摆放在庭院中。白雪木的整体外观蓬松、柔软，摆在白月季的旁边，可增添清新柔和的氛围。看上去像花朵的部分实际上是苞片，其花朵并不显眼。花期过后可在较低的位置将植株剪矮。

→p.18、p.23、p.81也有相关内容的介绍

斑叶沿阶草

Ophiopogon caulescens 'Variegatus'

天门冬科　叶子的观赏期：全年

斑叶沿阶草既耐暑也耐寒，是一种生命力顽强的多年生草本植物。斑叶沿阶草的细长叶子上有漂亮的白色斑纹，叶子向四周轻盈舒展，给人自然柔和的印象。斑叶沿阶草适合与多种植物混栽，并且也能用来覆盖庭院的地表。

请看下图盆栽中的各种观叶植物，叶子的色调虽然相近，但形状各不相同。即便只有一种花卉，若能用观叶植物体现出变化，也可搭配出魅力十足的盆栽。

日本活血丹“青柠薄荷”

Glechoma grandis 'Lime Mint'

唇形科　叶子的观赏期：全年

此品种带有白色斑纹的叶子非常美观，其茎、叶从花盆垂下的姿态充满了轻盈的动感，非常引人注目。4—5月，此品种可开出淡紫色的小花，天气变冷后叶子上的白色斑纹还会变成粉色。这种植物的茎、叶均散发着淡淡的清香，可作为香草使用。

避日花“柠檬汽水”

Phygelius × rectus 'Lemon Spritzer'

玄参科　叶子的观赏期：4—11月

避日花“柠檬汽水”叶子上的亮黄色斑纹非常醒目，将它与其他植物混栽，可营造清爽的氛围。每到初夏和秋季，避日花“柠檬汽水”会盛开出红色的花朵。如果茎长得过高，可适当修剪以保持规整的外观。避日花“柠檬汽水”比较耐暑、耐寒，冬季植株的地表部分会枯萎。

林地福禄考

Phlox divaricata

花荵科　开花期：4—6月

林地福禄考的植株较为低矮、茂密，可匍匐于地表生长。花朵数量较多，往往聚在一起开放。淡雅花色的林地福禄考很容易与其他花草搭配，适合加入清新风格的盆栽之中。林地福禄考茎的外观独具特色，装饰效果较强。此外这种花卉的香气也很宜人。

银香科科

Teucrium fruticans

唇形科　开花期：5—7月

银香科科的叶、茎上长有白色茸毛，好似镶了一层银边，十分精美。除了在高纬度的严寒地区之外，银香科科即便到了冬季也不枯萎。初夏盛开的淡蓝色花朵与叶片的银色相映成趣。如果放任不管，银香科科的茎会长得又长又高，所以设计盆栽时要考虑到茎的生长方向。当然也可随意修剪银香科科的茎，因为这种植物很耐修剪。

木制的盒子中混栽着各类花草，箱子比方凳略小一些。旁边搭配若干小盆的植物、小装饰物，可令整体效果更协调。

小野珠兰

Stephanandra incisa

蔷薇科　开花期：5—6月

小野珠兰是一种落叶灌木，其白色的小花又密又小，好似一团米粒，因此也有“小米空木”之名。小野珠兰的亮黄色叶子十分醒目、美丽。这种植物的生命力顽强、易于栽培，但容易长得过于茂密，花期之后可将过高的枝条剪短。

欧芹

Petroselinum crispum

伞形科　叶子的观赏期：全年

欧芹是一种香草，不仅拥有独特的香气，其浓绿色的卷曲叶子也颇具特色。欧芹可种在较小的花盆里，但植株过密时需要适当修剪，以改善通风。欧芹喜欢凉爽的气候，惧怕炎热的夏季。将欧芹摆在以淡绿叶子为主的盆栽旁，可起到很好的衬托作用。

【花篮盆栽的制作方法】

用圆形的花篮作为容器，最好搭配植株整体呈半球形、比较蓬松的植物。将数种黄绿色叶子的观叶植物混栽在一起，不同形状的叶子纷纷溢出花篮，整体效果十分美观。

● 植物栽培图

a 月季“绿冰” 4株
b 斑叶沿阶草
c 白雪木
d 日本活血丹“青柠薄荷”
e 避日花“柠檬汽水”

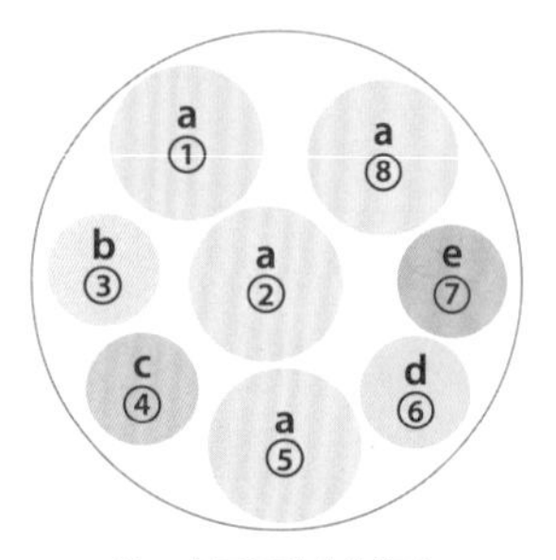

注：序号是种植的顺序

●所需材料

铁制花篮（篮口直径35cm，高16cm）
椰壳纤维
盆底石、培养土

1

为了防止土壤漏出，首先在花篮底部、侧面铺上2～3cm厚的椰壳纤维。然后放入盆底石，盆底石的厚度达到花篮深度的1/5即可。

2

放入培养土，到花篮深度的一半即可。然后种植月季“绿冰”（①），将月季“绿冰”调整为外侧偏低、内侧（花篮的中央）偏高的姿态，整个月季“绿冰”的侧面呈弧形。每种1株，都往根部压一些土。

3

在花篮的中央种植月季“绿冰”（②）。整个盆栽的顶点（即高度）就由这些月季“绿冰”决定。新种下的月季“绿冰”与之前种植的流畅地连接，如同在画半圆形一样。

4

接下来种植斑叶沿阶草（③），让它的叶子从花篮的边缘伸出来。然后是白雪木（④），种植时要让它的纤细枝条向外倾斜。总之，就是尽量“画半圆形”。

5

种植花篮正面中央部分的月季“绿冰”（⑤），要让花朵较多的部分向前。然后种植为盆栽带来动感的日本活血丹“青柠薄荷”（⑥）。诀窍是，让日本活血丹“青柠薄荷”的藤条从花篮右端伸向中央，营造出流动的效果。

6

将避日花“柠檬汽水”（⑦）种在日本活血丹“青柠薄荷”的旁边。最后种植月季“绿冰”（⑧）。调整植株的朝向，让花篮边沿的部分较低，中央的部分较高。如果土壤过多，可将土挖出一些之后再种植。

【木盒盆栽的制作方法】

用长方形的木盒作为容器，需要将植物横向排列在一起。此时选用高矮差距明显的植物相互搭配，可达到自然和谐的视觉效果。

●植物栽培图

a 林地福禄考
b 小野珠兰
c 银香科科
d 田车轴草

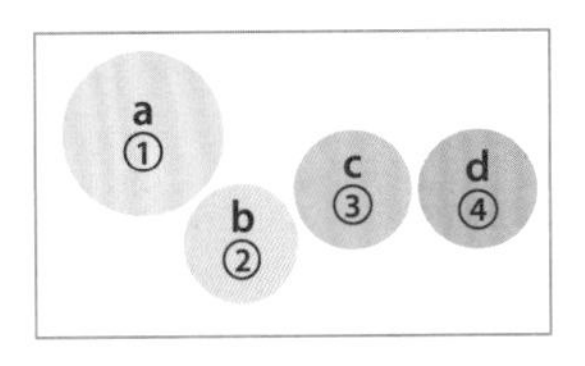

注：序号是种植的顺序

●所需材料

木盒（长30cm，宽14cm，高15cm）

注：木盒底部需要有排水口。如果没有，可钻一些排水孔。

塑料薄膜（塑料袋也可以）
装饰用的苔藓
盆底石、培养土

1

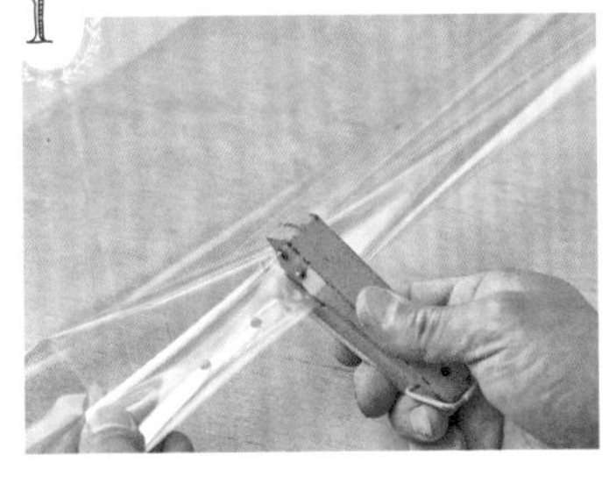

木盒会因浇水而腐败，所以要先铺一层塑料薄膜。为了进行排水，需要将塑料薄膜折叠后用打孔器或剪刀开5、6个孔。只在木盒底部的塑料薄膜上开孔即可。

2

在木盒中铺好塑料薄膜，倒入盆底石、培养土，培养土达到木盒深度的一半即可。将培养土均匀铺到木盒的四角，用剪刀沿着木盒边缘将多余的塑料薄膜剪掉。

3

如果您是右撇子，从木盒左端开始种植比较方便（左撇子则从右端开始）。首先种植林地福禄考（①），让它的花朵朝向木盒的左侧。然后将小野珠兰（②）种在林地福禄考的前面。让它们的一部分枝叶从木盒的边沿伸出。

4

种植银香科科（③），调整枝叶位置，让银香科科稍稍向左边的小野珠兰倾斜，同时也向木盒的正面边沿倾斜。这样可达到更自然和谐的视觉效果。

5

最后种植田车轴草（④）。田车轴草的枝叶肆意伸展、充满野性气息。可综合考虑盆栽的整体平衡，来决定田车轴草的朝向。图中盆栽里的植物既有向左伸展的，也有向右伸展的。

6

相邻植物的高度并不相同，并且个别植物的枝叶肆意向四周伸展，这样仅用数株植物也可达到较好的视觉效果。最后，可以铺上一些苔藓将塑料薄膜、培养土遮住。不同的苔藓可带来不同的氛围，选择您喜欢的即可。

02

又细又高的深绿色方凳上 摆放一盆茂密的夏季花草盆栽

在夏日的阳光下，深绿色的高脚凳可将鲜艳的橙色、黄色花卉衬托得越发美丽。此外，红花、白花等暖色系花卉也适合这一场景。由于方凳细高，所以选择较矮的花篮，将植物种得较为茂密，这样的整体构图较协调。万寿菊“金发女郎”、百日草“缤纷系列”绽放得非常自然，花朵外形柔弱，正好与花篮凹凸不平的表面形成对比。此外盆栽中还加入了叶子细长、卷曲的吊兰“邦妮”，以及叶片精巧的洋常春藤“爱尔兰蕾丝”。上述的两种观叶植物从花篮自然下垂到方凳上，使得盆栽与方凳融为一体。

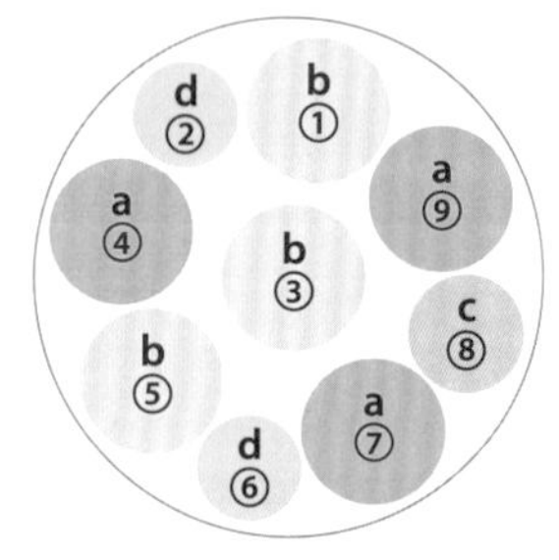

注：序号是种植的顺序

● 植物栽培图

- **a** 百日草“缤纷系列”3株
  Zinnia Profusion Series
- **b** 万寿菊“金发女郎”3株
  Tagetes erecta 'Strawberry Blonde'
- **c** 吊兰“邦妮”
  Chlorophytum comosum 'Bonnie'
- **d** 洋常春藤“爱尔兰蕾丝”2株
  Hedera helix 'Irish Lace'

● 所需材料

花篮（篮口直径30cm，高21cm）
塑料薄膜（塑料袋也可以）
盆底石、培养土

方凳的制作方法→p.94～97

03 低矮朴素的茶色方凳上摆放一盆挺拔的秋季花草盆栽

纤细挺拔的花草向着秋季的晴空伸展，这类盆栽摆在低矮朴素的方凳上再合适不过了。盆栽的主角选用能结出紫色果实的日本紫珠，搭配盛开黄色花朵的光叶鬼针草，两种颜色形成鲜明的对比。此外，再点缀一些绽放紫色花朵的鼠尾草，立刻增添了轻盈的活力。方凳上只涂了一层油性着色剂，能够看到美丽的木纹，所以没必要让下垂的植物遮住方凳表面。只需点缀一些叶子细长的麻兰即可，让方凳表面清晰地展露出来。

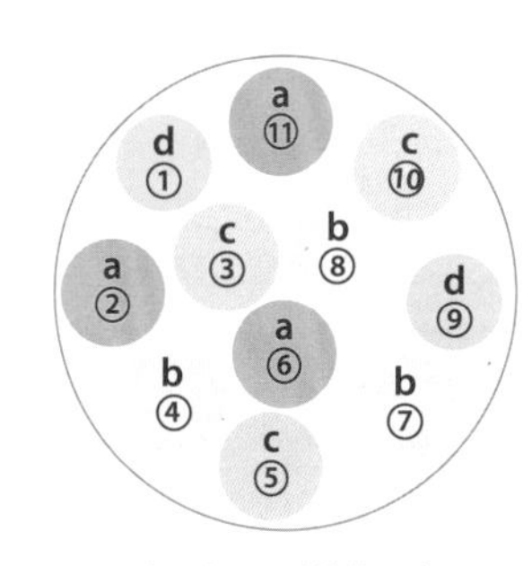

注：序号是种植的顺序

●植物栽培图

- a 鼠尾草“爱与希望”3株
  Salvia 'Love and Wishes'
- b 光叶鬼针草“黄色丘比特”3株
  Bidens laevis 'Yellow Cupid'
- c 日本紫珠　3株
  Callicarpa japonica
- d 麻兰“古铜宝贝”2株
  Phormium tenax 'Bronze Baby'

●所需材料

花篮（篮口直径30cm，高15cm）
塑料薄膜（塑料袋也可以）
盆底石、培养土

方凳的制作方法→p.94～97

种植箱外壳的制作方法→p.98、p.99
盆栽的制作方法→p.19

04
将栽满小花的种植箱连在一起 在自家门前创造一片花田

在长方形的种植箱里栽满鲜艳的花草，可将自家门前装饰得色彩缤纷。
市面上出售的塑料种植箱，价格实惠、经久耐用，
轻便的塑料种植箱还便于搬动，因此深受园艺爱好者的欢迎。
它唯一的缺点是不美观，那么用木板制作外壳来弥补这个缺点吧。
为种植箱制作深绿色的木板外壳，可更好地衬托各种花朵的颜色。
初夏，最适合将香彩雀、滨藜叶分药花等
花穗随风摇曳、可带来清凉感的花卉栽在种植箱里。
这些花卉不怕高温高湿的夏季气候，很容易成活。
并且能从初夏到晚秋不断绽放花朵，长时间供人欣赏。
在粉色、白色的柔和花丛中，点缀鲜红的繁星花，
种植箱内的植物显得既和谐统一，又精致美观。

【植物的选择・搭配技巧】

将长有穗状花序的淡色系小花花卉混栽在一起，虽然整体氛围清新柔和，但不免显得单调、没特点。此时加入一种花形、花色均明显不同的花卉，魅力便立刻得到提升。

主要的花草

繁星花

Pentas lanceolata

茜草科　开花期：5—11月

可爱的星形小花极具装饰效果
不畏酷暑、持续开花到秋季

繁星花盛开星形的小花，众多小花形成一个个花球，它既可成为盆栽的主角，也可用来装饰其他植物。繁星花十分耐暑，可一直开花到晚秋，但由于惧怕寒冷，所以常被当作一年生花卉种植。花朵枯萎后可将整个花序摘除，接下来更容易再次开花。此外还有白色、粉色、紫色的繁星花品种。

香彩雀

Angelonia

玄参科　开花期：6—10月

不惧高温、花朵艳丽
夏季盆栽中最受欢迎的花卉之一

香彩雀的花色丰富，成串开放的小花既灵动又可爱。香彩雀非常耐暑，连续开花的能力强，经常成为各式盆栽中的主角。花朵枯萎后，可从较低的位置将整个花茎剪掉，这样就会长出侧芽并继续开花。要注意勤浇水，冬季气温保持在10℃以上，香彩雀才能顺利越冬。

肾茶

Clerodendranthus spicatus

唇形科　开花期：6—11月

从白色的花朵中伸出的雄蕊和雌蕊，不禁令人联想到猫咪的胡须，因此它也有“猫须草”这个名字。肾茶的植株较高，适合安置在盆栽的后部。花朵枯萎后可将植株剪短，这样便会长出新的花茎。肾茶比较耐暑，但十分怕冷，常被当作一年生花卉种植。

滨藜叶分药花“小尖塔”

Perovskia atriplicifolia 'Little Spire'

唇形科　开花期：7—10月

它的叶片颜色醒目，淡紫色的小花也很时尚。植株高度只有一般品种的一半左右，所以很适合栽在种植箱里。将数株纤细的滨藜叶分药花“小尖塔”种在一起，更能体现出分量感。花朵枯萎后可将植株剪短，以便调整外观。每年冬季叶子掉落，到了春季会长出新芽。

白雪木

大戟科　开花期：5—10月

白雪木的茎分出许多细小的分枝，盛开出无数白色的小花。整株的白雪木较为低矮、饱满，带给人柔和的印象。将白雪木栽在种植箱的一角，其会像蕾丝镶边一样蔓延开来，柔软地遮住种植箱的边角缝隙。即便处于高温高湿的环境，这种植物也能健康生长。

→p.10、p.23、p.81也有相关的介绍

一丛颜色淡雅的小花中间，鲜红的繁星花格外醒目。
加入一种花色、花形均明显不同的花卉，可提升整体的美感。

【盆栽的制作方法】

种植箱比较长，所以需要一定数量的植物，但花卉种类最好限制在4、5种，这样整体效果更美观有序。制作时要多留意从正面、侧面观赏的效果。

●植物栽培图

a 香彩雀 3株

b 白雪木 3株

c 繁星花

d 肾茶 2株

e 滨藜叶分药花“小尖塔” 3株

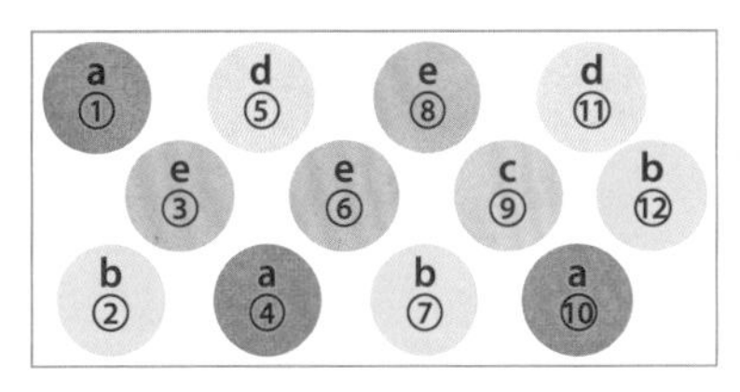

注：序号是种植的顺序

●所需材料

塑料种植箱（长49cm，宽22cm，高17.5cm）

培养土

1

倒入培养土，达到种植箱深度的一半即可。种植香彩雀（①），令其植株稍微向左倾斜。每种1株植物都要压上一些土，请注意土壤的高度要与花苗以前的培养土高度一致，如果埋得太深，会导致植株枯萎。

2

种植白雪木（②），令其枝叶覆盖住种植箱的左边角落。让枝叶恰好遮挡住种植箱的边沿，这样的效果最佳。

3

种植能为整个盆栽带来轻盈动感的滨藜叶分药花“小尖塔”（③）。然后种植香彩雀（④），令其枝叶恰好遮住种植箱的边沿。最后将植株较高的肾茶（⑤）笔直地种在香彩雀的后方。

4

将滨藜叶分药花“小尖塔”（⑥）种在肾茶的斜前方。然后种植白雪木（⑦），令其枝叶恰好遮住种植箱的边沿。在白雪木的后方种植滨藜叶分药花“小尖塔”（⑧）。花色醒目的繁星花（⑨）则种在整个种植箱中央偏右的位置。

5

种植香彩雀（⑩），令其枝叶恰好遮住种植箱的边沿。在香彩雀的后方种植植株较高的肾茶（⑪），调整植株的朝向，令其保持笔直的姿态。

6

种植最后1株白雪木（⑫）。调整植株的朝向，让白雪木恰好填补剩余的空间，并且令其枝叶稍稍向右倾斜，这样可令整体造型更加和谐自然。

带把手的种植箱的制作方法→p.100、p.101
盆栽的制作方法→p.23

05

可随身携带的“迷你花园”
带把手的种植箱，搭配枝叶舒展的花花草草

如果能拥有一个移动式的迷你花园，怎能不令人满心欢喜？

在自己中意的场所，随时欣赏花园的美景，可谓顶级的享受！

帮您实现这一愿望的，正是带把手的种植箱。

清新自然的浅绿色种植箱，最适合与色彩柔和的黄色花朵搭配。

选择色泽稍有不同的3种黄色花卉，展现出色彩的渐变及立体感。

制作盆栽时的诀窍是：不要让花草遮住把手与左右支柱，

要最大限度地凸显带把手的种植箱的独特魅力。

如同在木头框架内作画一般，将植物的配色、高度调整妥当。

虽说如此，太拘泥于形状，则不免显得呆板。

不妨让植物的枝叶，稍稍伸向种植箱前方及两侧。

种植箱把手上缠绕的常春藤，恰恰增添了自然原生的氛围。

【植物的选择·搭配技巧】

种植箱与花草的色彩一定要协调。所以选择3种黄色的花卉，来搭配浅绿色的种植箱。植物的高度要低于种植箱的把手，而且要让花草的枝叶从种植箱的前部伸展出来。

主要的花草

百日草“爵士”

Zinnia 'Jazzy'

菊科　开花期：5—11月

时尚、鲜艳的花色
花朵可长时间开放

百日草“爵士”的花朵以黄色、红色为主色调，每朵花的色彩比例又不尽相同，带来丰富多变的姿态。百日草“爵士”的高度适中，可成为整个盆栽的中心骨干。花朵枯萎后需尽快摘除，开花一段时间之后可将植株剪短，促其长出更多侧芽、开出更多的花朵。百日草“爵士”很耐暑，易于栽种。

小百日草

Zinnia angustifolia

菊科　开花期：5—11月

花朵小巧、毫不张扬
易于与其他花卉融洽搭配

小百日草的花茎纤细、花朵较多，整个植株显得茂密而蓬松。叶子细长，花朵小巧可爱，其毫不张扬的外观很容易与其他花卉搭配。在一丛有花穗的花卉之中搭配几株小百日草，花穗中若隐若现的黄色小花带来了明亮、活泼的气息。小百日草不怕高温高湿的环境，可一直开花到秋季。

丝叶菊

Thymophylla tenuiloba

菊科　开花期：5—11月

轻盈、纤细的小花
与百日草形成鲜明的对比

丝叶菊的花朵众多，其花朵外形小巧、纤细，有些类似野菊花。丝叶菊的叶子也十分纤细，整个植株散发着淡淡的清香。植株较低的丝叶菊经常被当作盆栽中的配角，并且装饰效果极佳。花朵枯萎后最好及时摘除，如果植株长得过高可适当剪短，这样就会长出侧芽，有利于开出更多花朵。

福禄考“焦糖布丁”

Phlox drummondii 'Creme Brulee'

花荵科　开花期：5—7月

奶油色的品种，受园艺爱好者欢迎的一年生草本。花色还有紫色、粉色等。奶油色的花朵可将百日草“爵士”等艳丽的花卉衬托得更加醒目，为整个盆栽带来色彩上的对比。簇生的众多花朵可形成一个个花球，当一定数量的花朵枯萎后，可从花梗底部将整个花球摘除。

穗花“尤尼克婴儿白”

Pseudolysimachion spicatum 'Younique Baby White'

车前科　开花期：5—7月

图中是株高较低的穗花的园艺品种，其白色的花穗显得十分清爽，适合栽在种植箱的前部。穗花“尤尼克婴儿白”可为整个盆栽带来轻盈的动感，但它比较惧怕炎热的气候。花朵枯萎后可将植株剪短，这样一来便可不断地开花，但在高温的季节则不易开花。

亮叶忍冬“金叶”

Lonicera ligustrina var. *yunnanensis* 'Aurea'

忍冬科　叶子的观赏期：全年

亮叶忍冬“金叶”是一种常绿灌木，其小巧、茂密的叶子很具特色。亮叶忍冬“金叶”适合栽在盆栽的前部，烘托出柔和的氛围。这类灌木可以长得很高，但也可以随意进行修剪，如果枝条过长，剪短即可。亮叶忍冬“金叶”既耐寒也耐暑，一年四季均保持着鲜艳的叶色。

→p.78也有相关的介绍

麻兰“古铜冲浪者”

Phormium tenax 'Surfer Bronze'

阿福花科　叶子的观赏期：全年

麻兰是一种多年生草本植物，其舒展的细长叶子十分引人注目。麻兰的叶子颜色较为丰富，有红色叶子、叶子带斑纹的品种等，图中为茶色叶子的园艺品种。麻兰的细长叶子可很好地衬托其他花卉，是盆栽中的重要配角。如果个别叶片枯黄，可从其根部割除。

中央的百日草“爵士”最为醒目。旁边搭配了花色淡雅的福禄考，以及深色叶子的麻兰“古铜冲浪者”，令各种颜色相互衬托。

白雪木

大戟科　开花期：5—10月

白雪木的植株显得较为蓬松，其高度为30～40cm，很适合在盆栽中衬托其他的花卉。白雪木不仅可令盆栽显得饱满，还可成为高、矮植物之间的过渡植物。如果白雪木的枝条长得过长，可随意进行修剪，之后还可开出新的花朵。

→p.10、p.18、p.81也有相关的介绍

洋常春藤“三叶草”

Hedera helix 'Shamrock'

五加科　叶子的观赏期：全年

洋常春藤是一种常绿藤类，可将其枝条缠绕在一起或沿着花盆垂下，为盆栽带来流动、活泼的氛围。根据不同的种植场所，可简单方便地为洋常春藤进行分株。洋常春藤“三叶草”十分易于种植，虽然到了冬季叶片会有些发黑，但实际上这种植物具备很强的耐寒性。

硬毛百脉根“硫黄”

Lotus hirsutus 'Brimstone'

豆科　叶子的观赏期：全年

硬毛百脉根“硫黄”的嫩绿叶子十分醒目，茎、叶子均显得柔软、蓬松。植株小巧，适合融入盆栽中，为整个盆栽增添清爽的氛围。还可让硬毛百脉根“硫黄”的枝条从花盆边缘自然垂下，体现出动感。硬毛百脉根“硫黄”比较耐寒，可在户外过冬，但惧怕高温高湿的环境。

→p.42也有相关的介绍

斑叶小腊

Ligustrum sinense 'Variegata'

木樨科　叶子的观赏期：全年

斑叶小腊的叶子可一年四季保持绿色，并且叶片上还有白色、黄色的可爱斑点。春季，斑叶小腊的枝头会开出穗状的白色小花，散发着淡淡香味。斑叶小腊属于灌木，可长得较高大，在它小的时候可作为盆栽中的主要灌木或背景绿植。斑叶小腊虽然生长迅速，但很耐修剪，可随意剪短。

→p.78也有相关的介绍

【盆栽的制作方法】

在带把手的种植箱内，铺上有排水孔的塑料薄膜，然后倒入盆底石、培养土（p.13的制作方法第1、2步）。然后开始种植植物。让洋常春藤的枝条缠在把手上，可令整体显得更自然。

●植物栽培图

- a　百日草“爵士”　2株
- b　福禄考“焦糖布丁”
- c　丝叶菊
- d　穗花“尤尼克婴儿白”
- e　小百日草
- f　白雪木
- g　洋常春藤“三叶草”　3株
- h　硬毛百脉根“硫黄”
- i　亮叶忍冬“金叶”
- j　麻兰“古铜冲浪者”
- k　斑叶小腊

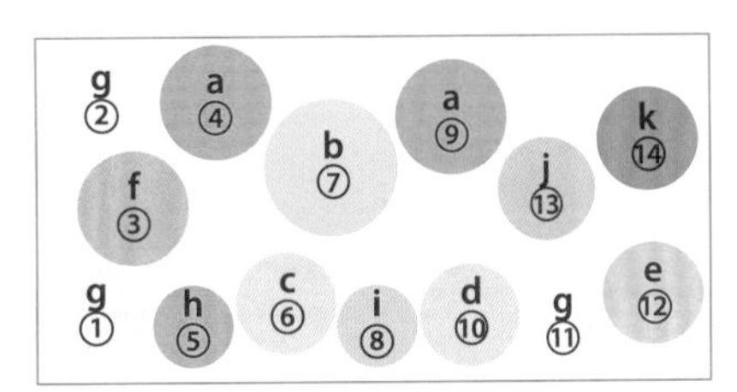

注：序号是种植的顺序

●所需材料

塑料薄膜（塑料袋也可以）

盆底石、培养土

06

色彩柔和的奶油色种植箱
种植纤细的花草，营造秋日氛围

色彩柔和的奶油色种植箱，可用来搭配各种色系的花草，是名副其实的万能助手。无论是春季的亮色系花草，还是夏季的艳丽花草，都可被奶油色种植箱衬托得更加美丽。如果想展现秋日氛围，诀窍是：①在种植箱内加入植株较高的草类；②加入红色、黄色或橙色的花草，展现类似红叶的色泽。因此，选择红色的青葙（*Celosia*）作为盆栽的主角，后面装饰造型挺拔的紫叶狼尾草。在上述2种高、矮差别明显的植物中间，种植粉红鼠尾草、鼠尾草（*Salvia*）作为过渡植物，充分营造出秋季的氛围。种植较高的植物时，植物的株高达到种植箱深度的2倍，整体效果最美观。

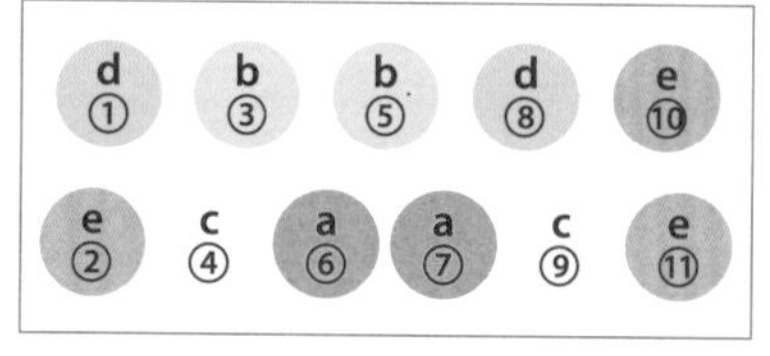

注：序号是种植的顺序

●植物栽培图

- a　青葙“东方2号”　2株
- b　紫叶狼尾草（*Cenchrus setaceus* 'Rubrum'）　2株
- c　粉红鼠尾草（*Ocimum labiatum*）　2株
- d　鼠尾草“余烬之望”（*Salvia* 'Ember's Wish'）　2株
- e　溪畔白千层“革命金”（*Melaleuca bracteata* 'Revolution Gold'）　3株

●所需材料

塑料种植箱

（长49cm，宽22cm，高17.5cm）

培养土

种植箱外壳的制作方法→p.98、p.99

07

木头原色的朴素种植箱 装满春季盛开的亮丽花朵

木板制成的种植箱，上面只涂了一层油性着色剂，充满了自然、朴素的韵味。种植箱表面自然的木头纹理，衬托着众多紫色、红色的花卉，整个盆栽显得既可爱又有厚重感。三色堇比较耐寒，可从冬季不断开花到第二年春季，最适合成为盆栽的主角。三色堇的花朵与羽衣甘蓝相互掩映，整体效果非常华美。精心制作的种植箱，如果被植物过多覆盖，不免可惜。所以将叶子纤细的薹草安置在正前方，留出充足的空隙，同时增添了轻盈的动感。

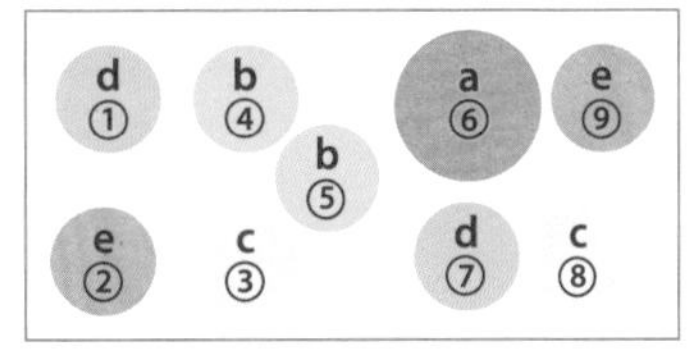

注：序号是种植的顺序

●植物栽培图

- **a** 日本茵芋“风疹”（*Skimmia japonica* 'Rubella'）
- **b** 紫罗兰（*Matthiola incana*） 2株
- **c** 三色堇 2株
- **d** 发状薹草“青铜卷发”（*Carex comans* 'Bronze Curls'） 2株
- **e** 羽衣甘蓝 2株
  →p.60也有相关的介绍

●所需材料

塑料薄膜（塑料袋也可以）
盆底石、培养土

带把手的种植箱的制作方法→p.100、p.101

花车的制作方法→p.104～106
盆栽的制作方法→p.29

08

花车，颇具浪漫色彩的移动花园
用高矮不同的植物，营造自然和谐的氛围

庭院中没有足够的空间制作花坛，但仍想拥有完美的花园！
一辆木制花车可帮您实现愿望。
花车装有车轮，可移动到任意场所供您欣赏。
箱子还可卸下，更换植物时更方便。
花车的颜色是典雅、清新的青灰色，
搭配充满春天气息的粉色花卉，营造出轻盈活泼的氛围。
整体造型美观的诀窍是：合理搭配“高、中、低”三类植物，
呈现出立体感，让整个花车的植物融为一体。
最高的植物的高度与花车把手大致相等，这样才更协调。
花车中央点缀几朵醒目的百日草，
绿叶植物从花车边沿自然垂下，也能提升整体的美感。

【植物的选择·搭配技巧】

将高、矮不同的植物搭配在一起，呈现出立体感。使大、小2株阿兰茨落新妇“明星”成为整个花车植物的框架，粉红色的百日草则从低处衬托淡粉色的阿兰茨落新妇“明星”。

主要的花草

阿兰茨落新妇“明星”
Astilbe × *arendsii* 'Showstar'
虎耳草科　开花期：5—8月

晚春到夏季绽放的花穗
带来白色、粉色的柔和氛围

阿兰茨落新妇“明星”的众多精细的小花组成一个个轻盈、柔软的花穗。在花车（上页图）的把手一端种植较高的阿兰茨落新妇“明星”花苗，另一端则种植较矮的花苗，形成高矮分明的整体构图。阿兰茨落新妇“明星”既耐寒也耐暑，但惧怕干燥的环境，所以需要勤浇水。冬季植株的地表部分会枯萎。

百日草“粉红涟漪”
Zinnia 'Raspberry Ripple'
菊科　开花期：5—11月

色彩艳丽的花朵令人赏心悦目
花瓣的色彩搭配极为精美

百日草“粉红涟漪”的花朵呈粉红色，并且花瓣重叠，整体外观格外美丽。此外，每个花瓣的边缘都渐变为白色，呈现出十分悦目的色彩变化。它的抗病性能强、耐暑、花朵数量较多，鲜艳的花色具备极强的装饰效果。但它惧怕湿热的环境，雨季之前可将植株适当剪短。

西洋蓍草“蜜桃诱惑”

Achillea millefolium 'Peachy Seduction'

菊科　开花期：5—9月

西洋蓍草“蜜桃诱惑”的粉色花朵带有细微的黄色，看起来既典雅又时尚。它的植株挺拔但又不太高，非常适合成为盆栽中的一员。它与花色柔和的阿兰茨落新妇“明星”十分相配，可搭配出高、低对比明显的鲜花盆栽。它既耐寒也耐暑，生命力强，掉落的种子很容易发芽。

胡萝卜“黑骑士”

Daucus carota var. *sativus* 'Black Knight'

伞形科　开花期：6—9月

花茎顶端盛开着一簇簇白色的小花，显得纤细而优雅。在花车中，它与同样瘦高的阿兰茨落新妇“明星”正好形成呼应。它比较耐寒，但不耐暑，尤其惧怕高温高湿的环境。花朵枯萎后可将整个花茎摘除。

刺芹“蓝色巨人”

Eryngium × *zabelii* 'Big Blue'

伞形科　开花期：6—8月

如果算上花萼，刺芹“蓝色巨人”的花序直径可达6cm。花序的外形相当独特，有些类似炸裂的烟花，其淡绿的花色也同样颇具特色。刺芹“蓝色巨人”的植株较高，是以高低差为卖点的盆栽中的重要成员。刺芹比较耐暑，但需注意湿度不要太高。

莲子草“若紫”

Alternanthera 'Wakamurasaki'

苋科　开花期：8—11月

莲子草“若紫”与千日红一样都是属于苋科的植物，莲子草“若紫”绽放粉色的小花，并且小花可保持长时间不凋谢。莲子草“若紫”的植株高约60cm，其质朴的外观最适合融入清新风格的盆栽之中。莲子草“若紫”比较怕冷，遭遇霜冻会导致植株枯萎。

下图为俯视图。植株呈放射状伸展，柔和色调的花朵很漂亮。
高、中、低的植物错落排列，可欣赏到每朵花的姿容。

牛至“幽谷仙女”

Origanum rotundifolium 'Dingle Fairy'

唇形科　开花期：5—11月

牛至是香草的一种，而牛至“幽谷仙女”是专门培育出来用作欣赏的园艺品种。它的叶子呈嫩绿色，无疑可为盆栽增添清新、明亮的氛围。这类牛至惧怕高温高湿的环境，花期过后需要将植株尽量剪短。

星芹“红宝石婚礼”

Astrantia major 'Ruby Wedding'

伞形科　开花期：5—7月

星芹“红宝石婚礼”是欧美庭院中颇受欢迎的植物，其硕大、柔软的花序为庭院增添了柔和的气息。它的株高约为60cm，适合加入高低落差明显的盆栽中。它惧怕夏季的高温高湿环境，喜欢半背阴、通风良好的场所。

多花素馨“银河系”

Jasminum polyanthum 'Milky Way'

木樨科　叶子的观赏期：全年

多花素馨“银河系”的茎非常纤细，生长时往往缠绕在一起，每年3—5月开放香气怡人的小白花。这种叶子上有白色斑点的多花素馨品种，最受园艺爱好者欢迎。多花素馨“银河系”的幼苗可当作观叶植物使用，让它的茎沿着花盆边缘垂下，可营造出流动感。需注意勤浇水。

银边翠

Euphorbia marginata

大戟科　叶子的观赏期：5—10月

银边翠的浓绿叶片上带有白色斑纹，远看就像盖着一层细雪，极美。因此便有了“银边翠”这个名字。在以绿叶植物为主的盆栽中，银边翠的叶片更能带给人鲜明的视觉冲击。夏季至秋季，茎的顶部还可开出白色的小花。银边翠比较耐暑，其掉落的种子很容易发芽。

→p.81也有相关的介绍

黑种草

Nigella

毛茛科　开花期：4—6月

黑种草的叶子非常纤细，茎的顶端开出花朵，花期虽然不长，但形状类似气球的果实可供人长时间欣赏。盆栽中加入黑种草，可为整个盆栽带来自然、质朴的气息。黑种草不喜欢高湿的环境，不宜多浇水。将其制作成干花也颇具美感。

薜荔“雪之花”

Ficus pumila 'Yukinohana'

桑科　叶子的观赏期：全年

薜荔“雪之花”的茎匍匐于地表生长，还可以攀缘着墙壁等物体向上生长。薜荔“雪之花”的叶子上有细碎的白色斑点，不禁令人联想到晶莹的雪花。让薜荔“雪之花”的茎从花盆自然垂下，可为盆栽增添动感。幼苗时期它比较怕寒、不耐旱。

【盆栽的制作方法】

在花车的箱子部分，铺上有排水孔的塑料薄膜，然后倒入盆底石、培养土（p.13的制作方法第1、2步）。用植株较高的阿兰茨落新妇“明星”与较矮的植物搭配，即可体现出立体感。

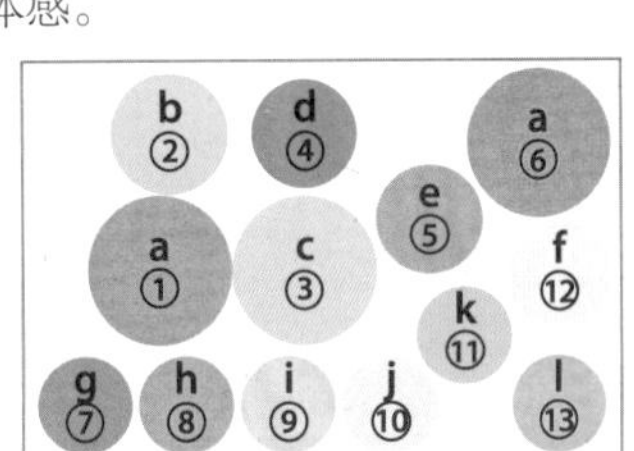

注：序号是种植的顺序

●植物栽培图

a　阿兰茨落新妇“明星”　2株
b　莲子草“若紫”
c　西洋蓍草“蜜桃诱惑”
d　胡萝卜“黑骑士”
e　刺芹“蓝色巨人”
f　星芹“红宝石婚礼”
g　黑种草
h　多花素馨“银河系”
i　牛至“幽谷仙女”
j　百日草“粉红涟漪”
k　银边翠
l　薜荔“雪之花”

●所需材料

塑料薄膜（塑料袋也可以）
盆底石、培养土

花车的制作方法→p.104～106
盆栽的制作方法→p.34、p.35

09

如同在画框里作画，将多肉植物混栽在一起
好似一个袖珍庭院，从上向下俯视更美观

将花车的箱子视作画框，里面混栽各种多肉植物。
在大门旁边、庭院一角，看到如此精美的花车、
新奇有趣的袖珍庭院、精巧可爱的多肉植物，
怎能不叫人惊呼“哇，太可爱了！”
还可放入金属字母等装饰物，进一步增添趣味性。
以此为契机，您会发现植物身上新的乐趣及魅力。
选择石莲花属（*Echeveria*）的多肉植株作为主角，
因为它们的叶子排列成花的形状，外观十分华丽。
由于花车箱子面积较大，可将2、3种多肉植物集中种植，
然后分配到箱子的不同位置，这样整体外观更协调。
多肉植物惧怕雨天，但花车可轻松载着它们去避雨。

【植物的选择・搭配技巧】

可一年四季欣赏，是多肉植物的一大优点。选择多种较矮的多肉植物，将它们搭配得精致美观。上部中央是最显眼的区域，将多种主要的多肉植物集中于此，制造引人注目的焦点。

主要的多肉植物

堇牡丹
Echeveria 'Sumirebotan'
景天科　石莲花属

摸起来手感细腻
色泽清新的叶片极为精美

堇牡丹的叶子质地细腻，并且带有透明感，可谓精美异常。此外，堇牡丹的植株个体较大，因此被选为了盆栽的主角。到了秋季，叶子的尖端还会呈现出少许淡紫色。堇牡丹惧怕高温的环境，喜欢通风良好的场所。春季还可长出花茎并开花。

黑玫瑰
Echeveria 'Rosularis'
景天科　石莲花属

深色的叶片典雅、沉稳
将旁边的堇牡丹衬托得更醒目

黑玫瑰的叶子排列成类似重瓣玫瑰花的形状，非常美观。黑玫瑰的紫色叶子甚至泛出些许黑色，与堇牡丹的亮色系叶子形成鲜明的对比，可将堇牡丹衬托得更加醒目。黑玫瑰比较耐暑、耐寒，气温下降后叶子颜色会进一步变深。

树冰
Sedeveria 'Silver Frost'
景天科　景天石莲属

正如它的名字那样
是不畏严寒的多肉植物

树冰的叶子又圆、又尖，像个可爱的小刺猬。淡绿色的树冰放在作为主角的堇牡丹旁边，起到柔和的衬托作用。天气变冷后，叶子的尖端会略微呈现粉色。树冰虽然极为耐寒，但惧怕夏季的高温高湿环境，把它种在通风良好的场所吧。

石莲花属

石莲花属多肉植物的叶子大多排列得如同花一样，十分引人注目。因此，石莲花属的多肉植物经常被选作盆栽的主角。夏季不宜多浇水，保持土壤稍干燥即可。

银明色

Echeveria carnicolor

银明色的粉色叶子上带有一抹灰色，这一优雅的色泽令人印象深刻。将银明色安置在种植箱的左下角，为整体增添了活力。银明色比较耐暑、耐寒，到了秋季叶片会逐渐变红，春季则会长出花茎并开花。

阿里阿德涅

Ariadne

与同属的其他多肉植物相比，阿里阿德涅的叶子颜色偏深，叶片也很圆润。在种植箱中，阿里阿德涅与精灵豆并排栽在了一起，两种多肉植物的色彩对比鲜明，更能吸引眼球。此外，阿里阿德涅还适合成为典雅色调的盆栽中的主角。

绿宝石唇

Echeveria 'Emerald Lip'

绿宝石唇的鲜绿的叶子颜色确实如同宝石一般，令人印象深刻。在种植箱中，绿宝石唇和银明色被并排安置在左下角，两种植物相互衬托得更加醒目。到了深秋，绿宝石唇的叶尖会变红，每年春季则长出花茎并开花。绿宝石唇比较耐暑、耐寒。

厚叶石莲属

厚叶石莲属是石莲花属属间杂交而得。这个属的品种特征是长有肥厚的长叶片，以及叶面如同撒了一层白霜的质地。

立田

如同玫瑰花一般排列的叶子向上伸展，立田的外观独具特色。绿色的叶片上泛出少许蓝色，带给人清爽的感觉。将立田安置在种植箱的右上角，可将一旁的旭鹤衬托得更醒目。到了秋季，立田的叶子尖端会变红，春季则长出花茎并开花。盛夏时节需要把立田放在半背阴、通风良好的场所，不宜多浇水。

景天属

景天属的多肉植物比较耐寒、耐旱，常被用来覆盖庭院的地表。景天属多肉植物的叶子形态多样，最善于充当不同植物之间的过渡角色，而且也适于填补盆栽中的空白空间。

六棱景天

Sedum sexangulare

六棱景天的众多小叶子聚集在一起，如同螺旋桨一般旋转着向上生长，看上去非常可爱。这种独具特色的小叶子很适合成为盆栽中的装饰。六棱景天耐暑、耐寒、耐旱，喜欢充足的光照，匍匐于地表生长。

→p.86也有相关的介绍

拟景天“斯蒂芬妮·金”

Sedum spurium 'Stephanie Gold'

拟景天“斯蒂芬妮·金”的扁平叶子的边缘呈现出锯齿形状，外观独具一格。在种植箱中，拟景天“斯蒂芬妮·金”被安排在下部，充当不同植物之间的过渡角色，并很好地填补了空白空间。天气变冷后，叶色会变深。拟景天“斯蒂芬妮·金”耐暑、耐寒、耐旱，匍匐于地表生长。

劳尔

Sedum clavatum

劳尔的叶片肥厚、叶色嫩绿，外观清新可爱。此外，叶子上薄薄的一层白色，如同撒了一层白霜，更令劳尔的色泽富于变化。劳尔被安置在种植箱的左上角，为那里带来轻盈的亮色。到了秋季，叶尖变为粉色，好似涂了一层淡妆。

青锁龙属

青锁龙属多肉植物的外观多种多样，“小型群生”“叶子向上”等都是该属植物的特点。天气变冷后，叶子往往变红。

醉斜阳

Crassula atropurpurea var. *watermeyeri*

醉斜阳的叶子上覆盖有细毛，嫩绿的叶子边缘有一圈醒目的红边，这个红色的“镶边”可从秋季保持到来年春季。醉斜阳被安置在种植箱的左上方，起装饰作用。这种多肉植物比较耐暑、耐寒，生命力顽强。

若歌诗

Crassula rogersii

若歌诗的叶子肥厚、细长，外形比较独特。天气变冷后，绿色的叶子会变成明亮的黄绿色，叶尖和茎则变为鲜艳的红色。若歌诗被安置在种植箱的右上方，带来一抹醒目的红色。若歌诗比较耐暑、耐寒。

风车莲属

风车莲属是石莲花属属间杂交而得。风车莲属继承了石莲花属美丽、可爱的外观，并有着较强的生命力。

旭鹤

Graptopetalum bainesii

旭鹤叶子的整体造型像极了玫瑰花瓣，每到秋冬，浓绿色的叶片上会增添一层粉色，魅力更提升了一档。在种植箱中，一株硕大的旭鹤被安置在右上角，营造华丽的视觉效果。旭鹤既耐暑也耐寒，易于种植。

银波木属

一些银波木属多肉植物的叶子表面会覆盖有细毛。可采用枝插、播种的方式进行繁殖。

精灵豆

Cotyledon papillaris

精灵豆的黄绿色叶子上有一圈红色的“镶边”，入秋之后这圈“镶边”会变得更加鲜艳。在种植箱中，精灵豆被安置在下部中央的位置，与上部同样有“镶边”的植物相呼应。每年5—7月，精灵豆开出的橙色、红色的花朵也很可爱。精灵豆比较惧怕夏季的高温。

铺在金属字母缝隙间的长齿藓（*Niphotrichum canescens*）并不喜欢阴湿的环境，反而更喜欢干燥的环境。长齿藓不怕阳光直射，但惧怕高湿蒸腾的环境，因此夏季最好在凉爽的时间段给长齿藓、多肉植物一起浇水。

【盆栽的制作方法】

把花车的箱子视作画框，将数种多肉植物合理地安置在恰当的位置。选择外形美观的石莲花属的多肉植物作为主角，可令整体效果更华丽。

●植物栽培图

- a 醉斜阳
- b 劳尔
- c 黑玫瑰
- d 堇牡丹
- e 树冰
- f 旭鹤
- g 若歌诗
- h 立田
- i 绿宝石唇
- j 银明色
- k 拟景天“斯蒂芬妮 · 金”
- l 精灵豆
- m 阿里阿德涅
- n 六棱景天

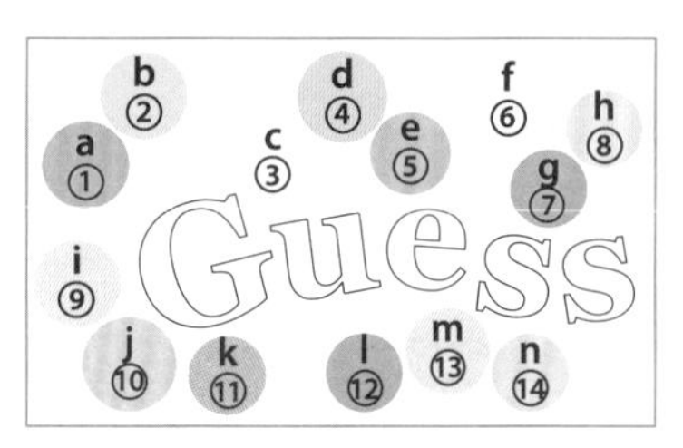

注：序号是种植的顺序

●所需材料

金属字母装饰物
长齿藓、腐殖土、两种褐色苔藓
塑料薄膜（塑料袋也可以）
盆底石、培养土（多肉植物专用）

1

先在花车的箱子旁边，预先设计好装饰物、植物的位置。首先摆好金属字母，然后摆放作为主角的多肉植物（字母上方中央位置），最后安排其他多肉植物的位置。

2

在花车的箱子部分，铺上有排水孔的塑料薄膜，然后倒入盆底石、培养土（p.13的制作方法的第1、2步）。然后在上面摆放金属字母，调整字母的间距，令整体效果美观协调。

3

将醉斜阳（①）种在左上角，用手轻轻调整醉斜阳的植株形态，令其呈“L”型。这是为了让醉斜阳包裹住旁边的劳尔，使两种植物融为一体。

4

将劳尔（②）紧贴着醉斜阳种植，两种植物相互依偎。

5

在最显眼的中央偏上区域，先后种植黑玫瑰（③）、堇牡丹（④）、树冰（⑤）。调整这3种多肉植物的角度，让它们排列成三角形，整体看上去就像一朵硕大的花朵一样，这样才显得更华丽。

6

在右上角，先后种植旭鹤（⑥）、若歌诗（⑦）、立田（⑧）。同样调整这3种植物的角度，让它们总体呈现出三角形，融为一体。

7

接下来往字母的下方种植植物。沿着字母G的曲线种植绿宝石唇（⑨）、银明色（⑩）。然后种植拟景天“斯蒂芬妮·金”（⑪），将精灵豆（⑫）、阿里阿德涅（⑬）依次种在拟景天“斯蒂芬妮·金”的右边。

8

最后种植六棱景天（⑭）。然后在培养土的表面覆盖苔藓，加强装饰效果。首先在字母下方的区域覆盖长齿藓，轻轻抬起多肉植物的叶片，在其下方也铺上长齿藓。毫无缝隙地全部铺上长齿藓后，整体效果非常美观。

9

在字母间的缝隙也铺上长齿藓，用手撕下适合字母缝隙的长齿藓，均匀地填充。注意不要让长齿藓遮住字母的轮廓。

10

字母上方的区域则铺上褐色的苔藓品种，与下面的绿色苔藓形成对比。左上角铺上1种褐色苔藓。右上角首先铺一层腐殖土，然后在上面铺一层另一种褐色苔藓，起到装饰作用。

室内装饰
干花篇

用精美的干花花束将室内空间装饰得更典雅

在室内装饰一些植物，可令人心情愉悦。由各种干花组成的花束，无疑是个好选择。干花花束既不需要浇水，也可轻易装饰在各种位置。以较大的干花花束作为主要装饰物，旁边随意搭配一些小干花，即可营造出典雅、精美的氛围。此外，干花还易与各种木制的小饰品搭配，创造绝佳的视觉效果。您还可以发挥自己的创意，用不同的绳子、缎带来捆绑干花花束。

将干花从天花板垂下，或将干花插在花瓶里，就能轻松达到良好的装饰效果。一些您之前认为不适合制作成干花的花卉，反而会呈现出好效果，不妨用您喜欢的花多多尝试。将鲜花悬挂在没有阳光直射、通风良好的场所，就可轻松制作成干花。

【干花花束的制作方法】

以较长的、较有韧性的植物作为基础，在其上面逐渐叠加较短的植物，即可组成有立体感的花束。要注意让最长的植物处于中央位置。

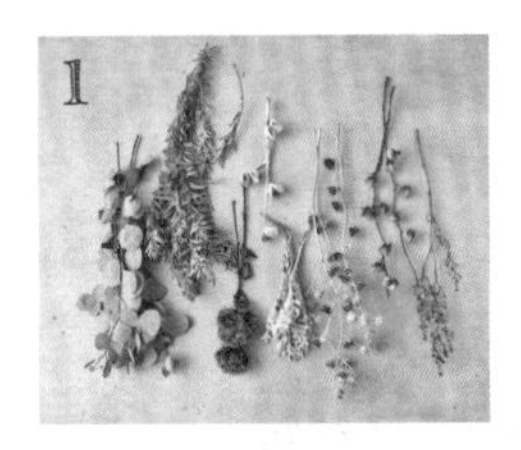

制作干花花束所用的植物有：桉树枝（尤加利）、金合欢（*Acacia*）树枝、雪叶菊（*Senecio cineraria*）、苘麻（*Abutilon theophrasti*）、假酸浆（*Nicandra physalodes*）等。此外，还要准备橡皮筋、捆绑花束用的绳子或缎带。

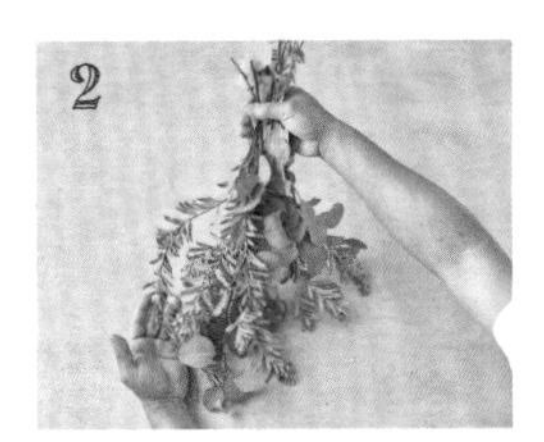

首先拿起作为基础植物的桉树枝、金合欢树枝。尽量让两种植物的枝叶舒展，显得比较蓬松。将两种叶子形状、质感不同的植物放在一起，可达到相互衬托的作用。

放上苘麻，填补上述两种植物间的空隙。然后再放上2株假酸浆，形成高低差，凸显层次感。稍作调整，让较长的植物集中到中央位置。

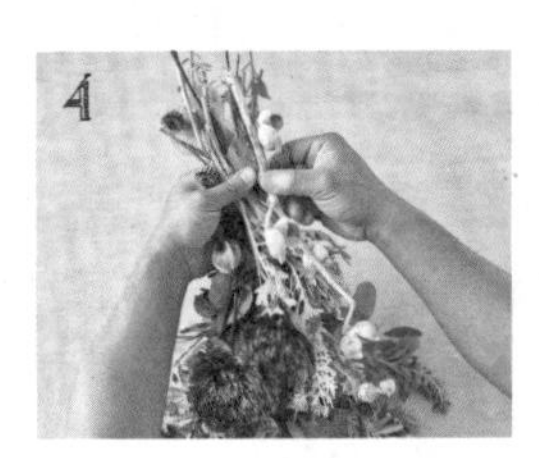

在上述花束的基础上，放上外形较为醒目的雪叶菊等，最后用橡皮筋进行固定。在橡皮筋的上面，再用捆绑花束的绳子或缎带系出2个蝴蝶结。

第 2 篇

将花盆装饰美观

将单种植物种在花盆里，可充分欣赏这一植物的可爱之处。
所以从园艺店购买喜欢的植物，然后栽在花盆里，
看着自家花盆的数量不断增多，十分令人欣喜。
但是，您也不禁会想“将多个花盆摆放得美观，实在好难。”
其实您只要掌握几个技巧，就不难达成愿望。
只需几个技巧，就可让众多花盆摆放得美观、典雅。
第一个技巧是，准备木箱、木桌、木架等摆放花盆的平台。
为了在阳台、门前等区域也能使用，
无须太在乎木桌的宽度，只要能多摆花盆即可。
第二个技巧是，将花盆的风格、色系统一起来。
花盆的种类繁多，有陶土的、铁制的、木制的等，
但最好将材质、色系统一为1、2种，形成更简明的组合。
例如，藤条制成的花篮，就很适合与陶土花盆搭配。
第三个技巧是，在花盆旁装饰玻璃制品、木头小饰品，
以及园艺铲、浇水壶等园艺工具。
在颜色较深的花盆旁，摆一个闪亮的玻璃瓶，
或者装饰一个色彩鲜艳的小饰品，都能令人眼前一亮。
无论是简明的组合，还是用装饰品带来亮点，
您都可发挥想象力，创造出自己的风格。

木箱的制作方法→p.102、p.103

IO

将木箱叠放在一起，再放入花盆
轻松地把花草展示得美观、精致

家里有很多植物值得摆出来欣赏，但没有展示空间……
别担心，有个绝佳的方案介绍给您。
只需将木箱重叠摆放，即可最大限度利用有限的空间。
这些木箱体积不大、结构非常简单，
很容易制作出来，并且方便搬运。
将它们重叠摆放，可有不同的体积、形状的组合。
上页图片中的木箱，就是自由搭配出的好例子。
在比较显眼的上数第2、3层，摆放外观醒目、华丽的花卉，可更突出重点。
毕竟，自己喜欢的花卉当然要摆在显眼位置。
木箱的顶层则摆放枝条下垂的植物，营造流动感，
再搭配一些粉色小花、黄绿色叶子的植物，增添清新的氛围。

【植物的选择・搭配技巧】

主要的花卉摆在上数第2层，顶层则摆放枝条下垂的植物。第2层右侧的空间，可摆放一盆较高的盆栽。最右侧的挺拔树木则令整个构图更协调。

主要的花草

老鹳草“天使花束”
Geranium 'Angel Bouquet'
牻牛儿苗科　开花期：3—11月

粉色“镶边”的花朵组成艳丽的大花球

老鹳草“天使花束”的众多花朵组成一个个艳丽的花球，十分引人注目。毫无疑问，它有资格成为重叠木箱中的主角，因此被安排在第2层的中央位置。老鹳草“天使花束”耐旱、花朵数量多，除了盛夏、严冬之外，几乎一直开花。浇水不宜过多，花朵枯萎后可将整个花球摘除。

亚洲络石“明星香水”
Trachelospermum asiaticum 'Star Fragrance'
夹竹桃科　开花期：5—6月

随意伸展的枝条、白色小花从木箱中自然流淌出来

亚洲络石“明星香水”的白色小花散发着类似茉莉花的甜美香味，其尽情伸展的枝条最适合为重叠木箱增添动感。如果枝条长得太长，可于每年7月前进行修剪。如果土壤过于干燥，会导致亚洲络石“明星香水”掉叶，所以请注意勤浇水。

大丽花“拉布拉·皮科罗”（左图中央）

Dahlia 'Labella Piccolo'

菊科　开花期：6—7月、9—11月

吉莉草“暮色”（左图后部）

Gilia tricolor 'Twilight'

花荵科　开花期：5—6月

硬毛百脉根“硫黄”（左图左侧）

豆科　叶子的观赏期：全年

→p.23也有相关的介绍

日本紫珠“紫紫紫”（上图右侧）

Callicarpa japonica 'Shijimurasaki'

唇形科　叶子的观赏期：5—11月

将以上4种植物混栽在一个锡铁皮的桶形容器内，其中大丽花“拉布拉·皮科罗”的粉红色花朵最为醒目，而一旁的紫色小花、黄绿色的叶子也起到了极佳的对比衬托作用。这4种植物被摆在木箱的右侧，将那里装饰得更加充实、美观。大丽花“拉布拉·皮科罗”会不断地开花，需及时摘除枯花。吉莉草“暮色”属于一年生花卉，比较惧怕高温高湿的环境。

加拿大唐棣

Amelanchier canadensis

蔷薇科　开花期：4—5月

这株加拿大唐棣种在重叠木箱的右侧，成为整个构图中标志性的树木。加拿大唐棣的树形美观，秋季树叶还会变红，一年四季都能带给人乐趣。枝头白色的小花开败之后，还会结出众多果实，6月果实成熟后变红。加拿大唐棣耐暑、耐寒，冬季落叶。

丝苇

Rhipsalis

仙人掌科　叶子的观赏期：全年

丝苇与仙人掌是同一科的植物，丝苇的茎又细又长，上面还分出许多细小的分枝。一盆丝苇被大胆地放在了多层木箱的最上层，下垂的枝条最大限度地展现出流动感。丝苇惧怕夏季的强光及冬季的严寒，可保持土壤稍微干燥，当土壤过度干燥时一次浇足水即可。

香花天竺葵（右上）

Pelargonium fragrans

牻牛儿苗科　开花期：4—9月

澳洲天竺葵（左下）

Pelargonium australe

牻牛儿苗科　开花期：4—7月

香花天竺葵有着深绿色的圆形小叶子，用手轻轻触碰，可闻到独特的香味。澳洲天竺葵的茎向着四周伸展，匍匐于地表生长。上述两种植物均开放白色的小花，但叶子的颜色并不相同。将这两种叶色不同的植物，混栽在细长的圆筒形容器内，并让它们的枝叶伸展出来，整体外观十分精美。这两种植物都不喜欢高温高湿的环境，冬季需要放在屋檐下防冻。

天竺葵“桃子”

Pelargonium 'Momona'

牻牛儿苗科　开花期：4—7月

天竺葵“桃子”的粉色小花色泽柔和，随着花茎延伸，不断长出花朵。轻触其叶子，可闻到淡淡清香。天竺葵“桃子”惧怕高温高湿及严寒，所以用花盆种植比较便于护理。花期过后可将植株剪为原来高度的一半，保持通风良好。

→p.79也有相关的介绍

上图/亚洲络石的枝条随意伸展，从花盆和木箱伸出。旁边的木箱中则放置较小、较矮的两盆花，以凸显两侧的主角植物。中右图/在较小的空间，可将花盆纵向排列，并活用上方的空间。中左图/空瓶子也能起到良好的装饰作用。下图/木箱的下层则放置花盆、园艺工具，以及绿叶植物。

蝇子草“顽皮白”

Silene 'Nacky White'

石竹科　开花期：4—6月

蝇子草“顽皮白”最大的特征就是，花朵的底部像气球一样膨胀。有着白色斑纹的叶子也很美观，即便没到花期也值得欣赏。蝇子草“顽皮白”的植株较矮，适合用来摆在木箱的上层。它比较耐寒，但不耐热，也不喜欢干燥或高湿的环境。

蜡菊

Helichrysum argyrophyllum

菊科　叶子的观赏期：全年

蜡菊的叶子呈现出银色，整个植株看上去精美而醒目，并且能将旁边的花卉衬托得更加艳丽。蜡菊的植株并不高大，只有10～15cm高，适合摆放在各种位置。蜡菊喜欢较干燥的环境，夏季开出黄色的花朵。

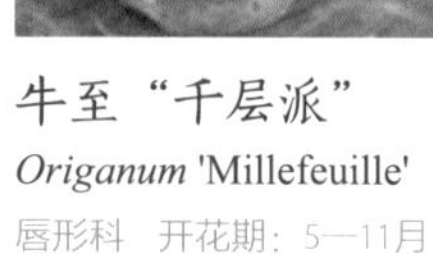

牛至“千层派”

Origanum 'Millefeuille'

唇形科　开花期：5—11月

牛至“千层派”是牛至的一个园艺品种，主要用于观赏。牛至“千层派”的苞叶边缘有一圈粉色，色泽十分美观。这一品种的黄绿色叶子十分鲜艳、明亮，可带来清新的氛围。种植时最好保持光照良好、土壤略微干燥。

矾根“流苏柠檬”（左）

Heuchera 'Fringe Lemon'

虎耳草科　叶子的观赏期：全年

大岛薹草“珠穆朗玛峰”（右）

Carex oshimensis 'Everest'

莎草科　叶子的观赏期：全年

矾根“流苏柠檬”的叶子边沿形状很不规则，呈现出波浪一样的褶皱。而一旁的大岛薹草“珠穆朗玛峰”则是细长的叶子上有白色的条纹。将这两种叶子颜色、形状差别明显的观叶植物放在一起，可令它们很好地相互衬托。两种观叶植物都比较耐寒，但惧怕高湿的环境。

抱茎蓼“金箭”

Polygonum amplexicaule 'Golden Arrow'

蓼科　开花期：7—10月

醒目的金黄色叶子是抱茎蓼“金箭”的最大特征，将其摆在上数第2层木箱的最右边，让它如同春天的阳光般为周围带来亮色。抱茎蓼“金箭”是广受欢迎的观叶植物，而它夏季盛开的红花也同样令人印象深刻。抱茎蓼“金箭”既耐暑也耐寒，生命力顽强。

峨参“金羊毛”

Anthriscus sylvestris 'Golden Fleece'

伞形科　开花期：5—7月

峨参“金羊毛”的叶子非常纤细，如同蕾丝花边一般精美、优雅。这些精美的叶子随着春风摇曳的样子，足以令人赏心悦目。每年初夏，峨参“金羊毛”会开出白色的花朵。峨参在半背阴的场所也能健康生长，但惧怕高温高湿，冬季叶子掉落。

→p.73也有相关的介绍

复古风格装饰瓶的制作方法

往玻璃瓶上刷漆、贴标签，只需简单的几个步骤，
就可将各种闲置的空玻璃瓶，变成复古风格的精美装饰瓶。
将这些装饰瓶与植物摆在一起，定能带来更多乐趣。

●所需材料

玻璃瓶（随意选取自己喜欢的形状、尺寸）、水性漆（白色）、毛刷、砂纸、标签纸、木工胶

【复古风格的涂装方法】

油漆随着时间流逝而自然脱落的自然的陈旧感，可通过砂纸加工而轻松达成。诀窍是：预先在玻璃瓶上磨出划痕。如果您想做得旧一些，就用砂纸多打磨一些划痕。

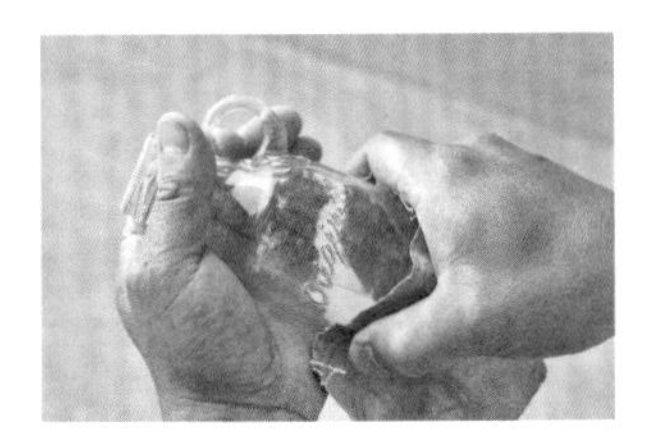

1　用砂纸打磨整个玻璃瓶，磨出划痕。

2　用毛刷向步骤1的玻璃瓶上涂抹水性漆。需要均匀涂2、3次，漆的表面不太平顺也没关系。涂完后静置30min，晾干。

3　用砂纸打磨步骤2玻璃瓶的表面。横向打磨更容易形成划痕。在步骤1中预先打磨出的划痕里会残留较多的水性漆，形成自然的复古风格。

【复古风格的标签纸制法】

在玻璃瓶上粘贴标签纸，可令玻璃瓶更有格调。如果标签纸也显得很复古，那么整个玻璃瓶的艺术效果无疑会更强。您只需准备一些泥土即可将标签纸做旧。如果土里稍有些水分，则更易给标签纸着色。

1　将选好的标签纸折叠出褶皱，令其显得比较旧。

2　将标签纸在泥土上展开，然后向上面洒些土，用手轻轻揉搓。标签纸的四个角也都用土揉搓，使整个标签纸微微变色，带有古旧的感觉。

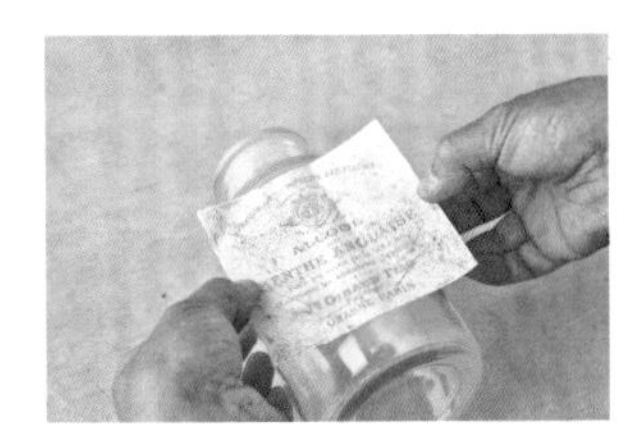

3　清理掉标签纸上的泥土，往纸的背面涂上木工胶。从标签纸的中央部分开始粘贴，然后让标签纸沿着玻璃瓶的曲线贴合。

木箱的制作方法→p.102、p.103

II

将几个木箱随意摆在角落里
空间不再显得局促，花盆也可立体摆放

庭院、阳台的角落，能否更好地加以利用呢？
只需将3个木箱稍稍倾斜后摆到一起，就可以令角落显得更宽敞。
然后在木箱后方添加一棵挺拔的树木，形成高低落差，
即便在狭窄的角落，也可自然展现出纵深感。
最显眼的位置，无疑是木箱上层的2个区域。
竖着放置的木箱的顶层，显然是受人瞩目的焦点，
而重叠放置的2个木箱的第二层，也同样较为醒目。
一高一矮的两个区域体现出了立体感，令人印象更深刻。
为了提早感受秋意，加入了一些叶子变黄、变红的植物，
并且搭配了黄色、白色的花朵，以及绿叶植物。

【植物的选择・搭配技巧】

以初秋的景色作为主题，将鲜艳的黄色花朵定为主角，然后搭配白色的花朵、绿叶植物作为陪衬。从上层垂下的枝条、下层的银白色叶子则增添了精美的亮点。

主要的花草

鬼针草“黄金帝国”
Bidens 'Golden Empire'
菊科　开花期：2—6月、9—12月

直径2～3cm的鲜艳黄花
争相开放，形成华丽的花丛

鬼针草“黄金帝国”匍匐于地表生长，所以将其种在宽口的花盆里，整个植株会显得饱满、茂密。鬼针草“黄金帝国”不喜欢高湿蒸腾的环境，所以花盆内种植几株即可，保持通风良好。这种植物花期较长，比较耐暑，但耐寒温度为0ºC左右，冬季需注意防冻。

菊花“吉吉”
Chrysanthemum × *grandiflorum* 'Gigi'
菊科　开花期：10—11月

菊花的园艺改良品种
重瓣的花朵聚在一起绽放

菊花“吉吉”的花朵数量较多，几乎可将整个植株覆盖，视觉效果极佳。而且整个植株可维持自然的半球形，非常适合在花盆里种植。花朵枯萎后最好尽快摘除，这样从下方又会开出新花。花期过后，可将植株剪为原来高度的一半。

香雪球“冷淡骑士”

Lobularia 'Frosty Knight'

十字花科　开花期：10月至来年6月

香雪球的洁白小花集中于枝头绽放，绿叶的边缘有黄色的斑纹。香雪球已被改良得比较耐暑，花朵可以较长时间开放，而清新的香味也是这种植物的一大魅力。花期过后可将植株剪为原来高度的一半，保持通风良好。

球兰“苏拉威西”

Hoya 'Sulawesi'

夹竹桃科　开花期：6—9月

球兰“苏拉威西”是一种藤蔓性的观叶植物，其枝条上长满了椭圆形的精美叶子。图中的球兰“苏拉威西”被栽在有底座的较高的花盆内，令其充分下垂，带来流动感和活力。浇水时最好往叶子上也淋一些，这样有助于预防害虫叶螨。球兰“苏拉威西”比较怕冷，冬季气温需保持在5℃以上。

冬绿金丝桃“黄金型”

Hypericum calycinum 'Goldform'

金丝桃科　叶子的观赏期：全年

园艺店中出售的一般都是小型品种的冬绿金丝桃“黄金型”，这类品种虽然能开出黄花，但并不结果实，主要被当作观叶植物欣赏。气温下降后，冬绿金丝桃“黄金型”的黄绿色叶子会变红，十分美观。这类植物比较耐暑、耐寒，其黄绿色的叶子为周围带来明快的亮色。

金英树“百万之吻”

Galphimia glauca 'Million Kiss'

金虎尾科　开花期：7—10月

金英树“百万之吻”的黄色花朵、红色花茎都十分醒目，整个植株看起来精美、华丽。金英树“百万之吻”的植株较为茂密，放在木箱的下层可达到和谐的视觉效果。随着气温下降，它的叶子逐渐变为红褐色，同样精致美观。金英树“百万之吻”比较耐暑，但不耐旱，冬季气温则需保持在0℃以上。

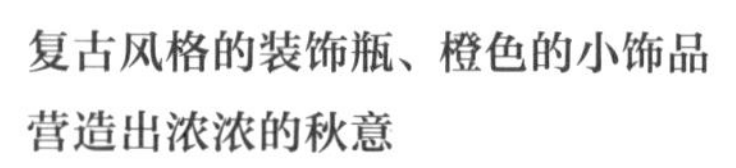

复古风格的装饰瓶、橙色的小饰品
营造出浓浓的秋意

如果您想让花草景观展现出秋季的氛围，不妨加入一些黄色、橙色的小装饰物。在黄色的花卉旁边，装饰若干橙色的南瓜、蜡菊的干花，即可瞬间营造出秋季的氛围。在比较阴暗的木箱内部，放几个反光的玻璃瓶，增添闪耀的光线。奇形怪状的树根，也可成为时尚的装饰物。在两组木箱之间，斜放着装花苗用的旧板条箱（右侧照片），也起到了提升视觉效果的作用。

上图/在木箱的顶端摆放一些橙色的小物品，瞬间就能感受到秋季的氛围！下图/银色叶片和红褐色叶片组合在一起，既典雅又精致。两盆观叶植物摆在一起，还可更好地衬托一旁的花卉。

千里光“天使之翼”

Senecio candicans 'Angel Wings'

菊科　叶子的观赏期：全年

正如名字显示的那样，千里光“天使之翼”的叶子颜色柔和，而且质地柔软、细腻，好似天使的翅膀。木箱的下层空间可供大家大胆发挥想象力，例如，将千里光“天使之翼”与另一种典雅色调的植物并排摆放。

矾根“里约”

Heuchera 'Rio'

虎耳草科　叶子的观赏期：全年

不同品种的矾根有着不同的叶色，比如黄绿色、橙色、银色等。图中的品种叶片则是红褐色的，可以将光线较暗的场所装饰得更有色彩和活力。而且随着季节变化，它的叶色还会稍有变化，给人带来不同的乐趣。

木箱的制作方法→p.102、p.103

12

众多木箱层层叠加，形成植物的“展示柜”
把心爱的观叶植物、装饰品尽情地摆出来

1个木箱体积虽小，但将多个木箱叠到一起，
就可轻松制成一个巨大的展示柜。
前页图中将8个木箱以竖、横、竖的方式叠放，
组成了一个整齐有序的3层展示柜。
把您喜爱的植物、装饰品都尽情地陈列到展示柜中吧。
最具观赏性的植物，摆在视线较为集中的中层和上层，
下层则摆放花盆较大的植物，这样整体构图更协调。
将枝叶下垂的数盆植物分散摆在不同位置，巧妙提升整体美感。
顶层则放置较矮的装饰物、枝叶下垂的植物。
夏季是将观叶植物摆到户外欣赏的好季节，
整个展示柜都是自由舒展的绿色枝叶，带给人清凉的享受。

【植物的选择·搭配技巧】

人们往往认为观叶植物适合在室内养护，其实许多观叶植物都原产于热带地区，它们非常喜欢户外的环境。夏季可选择没有阳光直射的场所（可避免灼伤叶片），将观叶植物摆到户外欣赏。

主要的观叶植物

虎尾兰“芬伍德”（右）
Sansevieria 'Fernwood'
百合科　叶子的观赏期：全年

条纹十二卷“宽带”（左）
Haworthia fasciata 'Wideband'
百合科　叶子的观赏期：全年

白桦麒麟（前部）
Euphorbia mammillaris
大戟科　叶子的观赏期：全年

数种珍奇品种集中在一起
精心培育的盆栽摆在最显眼的位置

虎尾兰“芬伍德”的叶子纤细、挺拔，上面还有类似虎纹的精美花纹，如此惹人注目的植物当然要做主角。旁边则搭配另外2种多肉植物。色泽相近的条纹十二卷“宽带”被栽在虎尾兰“芬伍德”的脚下，色泽偏白、自由伸展的白桦麒麟则增添了奔放的动感。图中的盆栽已培育了2～3年，3种植物毫无顾忌地自由伸展，展现出狂野、霸气的风采。3种多肉植物均不喜欢高湿环境，需保持土壤略微干燥，冬季需移往气温在10°C以上的场所护理。

食虫植物

食虫植物靠捕食昆虫来补充营养，这是它们在贫瘠的土地上生长时，与其他植物竞争而进化出的独特的求生手段。可以说食虫植物的独特形态、叶色，都是其求生智慧的结晶。

猪笼草“琳达”

Nepenthes 'Linda'

猪笼草科 开花期：6—7月

猪笼草“琳达”的叶子下方挂着口袋形状的捕虫袋，它就是用这个捕捉昆虫来补充营养的。它被摆在了木箱的顶层，其独具特点的捕虫袋自然垂下来。日照不足、浇水过多、施肥过多都可能导致长不出捕虫袋，请您注意。冬季气温需保持在10℃以上。

瓶子草

Sarracenia

瓶子草科 开花期：3—5月

瓶子草会引诱昆虫进入自己筒状的叶子中，将其消化吸收。有些瓶子草夏季伸展叶片，但并不形成筒状，只是平直地生长。叶子表面的红色网状花纹是叶脉，充满了妖艳的气息。瓶子草的花朵形状也独具一格。冬季将枯萎的叶子剪掉，春天还会长出新的。瓶子草属的植物都比较耐寒。

枝条下垂的观叶植物

将枝条下垂的观叶植物摆在高处，可利用其下垂的枝条营造出活泼的流动感。不同的叶子形状、叶色均会产生截然不同的印象，请根据自己的需要适当选择。

长茎芒毛苣苔

Aeschynanthus longicaulis

苦苣苔科 叶子的观赏期：全年

长茎芒毛苣苔是一种附生植物，往往将根附着在树木、岩石上。带有斑纹的叶子表面是绿色的，背面则是紫红色的，色泽十分典雅。长茎芒毛苣苔被摆在了猪笼草“琳达”的下方，承接着猪笼草“琳达”继续向下伸展枝条。冬季气温需保持在10℃以上，并保持土壤稍显干燥。

银斑球兰

Hoya curtisii

夹竹桃科 叶子的观赏期：全年

银斑球兰的叶子小巧，叶面上有类似迷彩的斑纹。这种特点鲜明的叶子随着枝条垂下来，整体效果非常典雅，带来极佳的装饰效果。较为厚重的深色系的花盆最适合与银斑球兰搭配。银斑球兰比较耐旱，喜欢没有阳光直射的干爽场所。

根和茎（气生根）有特点的植物

为了附生在树木等物体之上，有些植物的根部会暴露在外，或者茎直立起来如同枝条一般。我们不妨将此类植物种在花盆里，欣赏其独特的魅力。

杯盖阴石蕨

Davallia griffithiana

骨碎补科　叶子的观赏期：全年

杯盖阴石蕨的叶子为深绿色，叶片纤细，如同蕾丝花边一样，这也是蕨类植物常有的特征。杯盖阴石蕨错综缠绕的根部则更具特色，将其摆在木箱的最上层，更能清楚地欣赏其根部。可定期用喷壶向杯盖阴石蕨的根、茎、叶上喷一些水，避免过于干燥。

鳞毛蕨

Dryopteris

鳞毛蕨科　叶子的观赏期：全年

鳞毛蕨是一种大型的蕨类植物。它刚发出的小芽，表面覆盖着细毛，随后渐渐长出小叶子，其生长的过程很类似原始的植物。鳞毛蕨叶子背面附着有众多茶色的颗粒，这是它的孢子囊。这类植物很耐寒，也不怕缺少光照。

春羽

Philodendron selloum

天南星科　叶子的观赏期：全年

春羽的叶片硕大，植株挺拔，外观很有特点。而最引人关注的无疑是它充满“热带雨林”气息的气生根，多条气生根伸出土壤之外，令人印象深刻。如果到了冬季气温低于5°C，需要将春羽移往室内护理。

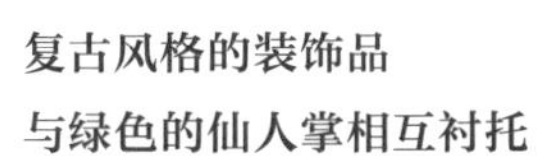

复古风格的装饰品
与绿色的仙人掌相互衬托

绿色的观叶植物摆在一起，色彩不免显得单调，此时可摆放一些小装饰品来增添色彩。选择红色、橙色等醒目的装饰品，可以与绿色的植物形成鲜明的对比，将植物衬托得更美观。尤其是复古风格的装饰品，与外观自然、朴实的观叶植物更是相配。图中的各种复古风格的小装饰品，就很适合与绿色的仙人掌摆在一起。

网纹凤梨“红栗”

Vriesea fenestralis 'Red Chestnut'

凤梨科　叶子的观赏期：全年

网纹凤梨“红栗”原产于巴西东南部，绿色的硕大叶子上有明显的花纹，外观极具个性。网纹凤梨“红栗”的植株硕大，因此被安置在木箱的下层。水容易积聚在圆筒状的叶子中心部位，春季至秋季浇水时，出现这种情况没关系，冬季则须尽量避免这一情况。

龟背竹

Monstera deliciosa

天南星科　叶子的观赏期：全年

龟背竹的叶片硕大、扁平，具备较强的视觉冲击力，因此将其摆在木箱的上层中央位置。龟背竹生长迅速，叶子向四周伸展并稍稍下垂，如果叶子长得过大，可将其割去。龟背竹喜欢没有阳光直射的干爽场所，冬季气温需保持在5℃以上。

华北石韦

Pyrrosia davidii

水龙骨科　叶子的观赏期：全年

华北石韦是一种附生于岩石上的蕨类植物，但它的叶子与其他蕨类植物并不相同，华北石韦的叶子细长、扁平。因此，外形独特的华北石韦和其他蕨类植物，被并排摆在了木箱的中层。请注意浇水不宜过多，冬季也需注意防冻。

喜林芋“帝王金”

Philodendron 'Imperial Gold'

天南星科　叶子的观赏期：全年

喜林芋“帝王金”的挺拔的黄绿色叶子极具魅力，微微发红的新芽同样非常精美。喜林芋“帝王金”喜欢水，但花盆里一直保持高湿度可能会导致烂根，所以最好用喷雾器向叶片喷水。这种植物比较怕冷，冬季气温需保持在5℃以上。

卷柏

Selaginella

卷柏科　叶子的观赏期：全年

卷柏的嫩绿色小叶子十分可爱，整个植株也显得蓬松、柔软。卷柏比较低矮，与高个子的植物混栽，可为高个子植物的根部带来活泼的亮色。春季至秋季可用喷雾器向叶子喷水，这样也能预防叶螨造成的虫害。

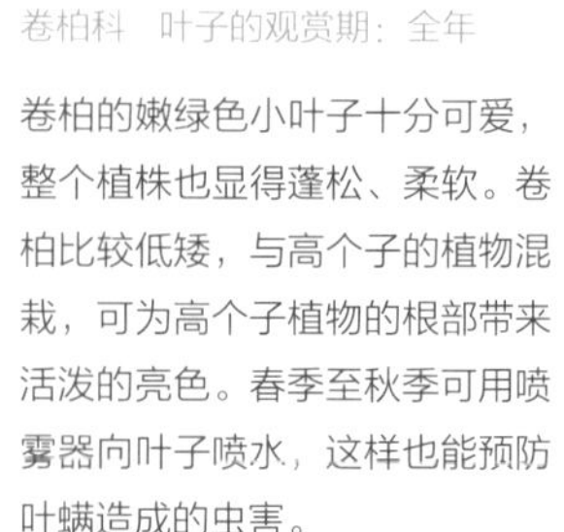

将蕨类植物混栽在画框里

●使用的植物

日本安蕨“银瀑”（右，*Anisocampium niponicum* 'Silver Fall'）

瓦韦（左，*Lepisorus thunbergianus*）

伏石蕨（前方，*Lemmaphyllum microphyllum*）

将外观极具个性的3种蕨类植物混栽在画框里，像欣赏绘画作品那样欣赏盆栽。在木板制成的木箱底部开几个渗水孔，然后将木箱固定在市场里常见的木制画框背面。然后涂上颜色较为凝重的涂料，以更好地衬托绿色的植物。

13 仅需 1 个木箱 就能提供展示花草的舞台

在狭小的角落放置一个木箱，为花草们准备的“特别舞台”便完成了。最醒目的位置自然是木箱的上层。简单地陈列花盆不免太过平庸，使用一个带底座的花盆来提升展示效果吧。在花盆内铺一些苔藓、摆几个松果，简直像打造了个小森林。即便空间狭窄，只要创意新颖，同样可以美观地展示植物。旁边的金属盘上面也是很好的展示区，上面摆放了高矮差别明显的植物，形成立体的构图。在带底座的花盆、金属盘之间，摆一盆线条鲜明的秋叶果（*Corokia*），起到过渡作用。木箱的下层则放置了各种园艺工具。为了让整个木箱与植物显得更美观，还可在木箱的左侧摆放一大盆植物，令整体构图更均衡。

●使用的植物

【上层右侧的带底座的花盆】

迷你仙客来（左）

火棘“小丑”（右，*Pyracantha* 'Harlequin'）

【上层左侧的金属盘】

欧洲银莲花“波尔图”（左，*Anemone coronaria* 'Porto'）

迷你仙客来（右）

【上层后方】

秋叶果

【下层】

极小轮三色堇

【木箱左侧】

五叶地锦（*Parthenocissus quinquefolia*）

木箱的制作方法→p.102、p.103

双层木桌的制作方法→p.107～109

14

自由摆放小巧的植物、饰品 把双层木桌装饰成香草花园

如果庭院没有足够的空间种植各类植物，
您可以制作一个高大、美观的双层木桌，
将心仪的小植物、饰品一件件地摆在上面。
决定美观程度的最大秘诀是，确定一个主题。
浅蓝色的桌子透露出春天的气息，
所以就以春日的香草花园为主题，摆放一些小巧的植物吧。
主要选择陶土花盆，将高矮不同的植物合理排列，
植物之间搭配一些小饰品，即可达到和谐统一的整体效果。
还可以将枝剪、肥料瓶等园艺工具摆到桌上，
或者移来一把椅子，桌面立刻就可变成园艺工作台，
成为与植物快乐共处的温馨空间。

【植物的选择·搭配技巧】

每种植物都是单盆种植的，所以无须考虑植物的生长习性是否一致，挑选您喜爱的植物即可。最精美的小盆香草摆在桌子前部。香草一般都长势旺盛，别忘了收割。

主要的香草

豆瓣菜

Nasturtium officinale

十字花科　收获期：5—10月

旺盛生长的茎、叶 展现出春季的勃勃生机

豆瓣菜的茎匍匐生长，可从花盆边沿垂下来，圆形的嫩绿色叶子带给人春季的清爽氛围。豆瓣菜原是在水边生长的植物，所以土壤表面干燥后请充分浇水。叶子长得茂密后就可以采摘了。豆瓣菜还能开出白色的小花。

峨参

Anthriscus

伞形科　收获期：5—10月

蕾丝花边一般的绿叶 带来纤细、清新的气息

峨参的叶子小巧、纤细，如同蕾丝花边一般，当它随风摇曳时更加令人心旷神怡。在桌面摆上一盆，立刻带来柔美的氛围。峨参不耐旱，土壤表面干燥后请充分浇水。这种植物是一年生植物，花期过后便会枯萎。

北葱

Allium schoenoprasum

石蒜科　收获期：5—10月

细长的叶子向上伸展 圆形的花蕾也极具装饰效果

中空的细长叶子十分挺拔，令北葱的整体外观显得轻快、精巧。将叶子形状截然不同的3种香草一起摆在桌子上，桌面顿时变得欢快、热闹。5—6月，北葱可开出粉色的花朵。将植株的上半部分收割，经过2周之后又可长出新的。

上图/桌面比较宽大，将大、中、小的花盆，以及高矮不同的植物有层次地排列，形成和谐统一的整体效果。前方中央是最显眼的位置，这里先放一个金属圆盘，然后将一盆豆瓣菜摆在圆盘上。于是这盆豆瓣菜便成了最醒目的植物。

下图/第一层桌面与第二层桌面之间有一大块空间，可以看到后面的墙壁。在此空间拉一根绳子，上面悬挂一些干花或做旧的纸张。这样既不喧宾夺主，又可遮住墙壁、营造典雅的氛围。

罗勒

Ocimum basilicum

唇形科　收获期：5—10月

在上层的架子上，并排摆了3小盆罗勒，显得十分可爱。罗勒生命力顽强，易于种植，但别忘了浇水。摘去茎顶端的叶子，会长出侧芽，可增加收获量。罗勒开花之后叶子会变硬，所以想多收获叶子的话，可将花茎剪掉。

辣薄荷

Mentha × piperita

唇形科　收获期：全年

辣薄荷散发着清新的香味，其地下茎生长迅速，适合用花盆种植。辣薄荷生命力顽强，但不太耐旱。雨季之前可将植株尽量剪短，如此一来不仅增加了收获量，而且还能改善植株的通风状况。

芫荽

Coriandrum sativum

伞形科　收获期：5—10月

芫荽的茎非常纤细，上面长有扁平的叶子，整个植株显得轻盈、柔软。芫荽生长旺盛，不断有新叶长出，如果叶子过于茂密，会因通风不良而生病。所以，可时不时地摘些叶子食用。如果以收获叶子为主，可将茎剪掉。

牛至（左）

Origanum vulgare

唇形科　收获期：全年

牛至“玛格丽特”（中央）

Origanum vulgare 'Margherita'

→p.64也有相关的介绍

唇形科　叶子的观赏期：全年

留兰香（右）

Mentha spicata

唇形科　收获期：全年

在铁皮容器的底部开几个排水孔，然后在里面混栽3种香草植物。活用3种植物的高低差，营造出自然原生的氛围。亮黄色叶片的牛至“玛格丽特”，在其中起到最醒目的装饰作用。这3种植物都惧怕高湿蒸腾的环境，如果长得过密，可适当修剪，以保持通风状况良好。

羽衣甘蓝

十字花科　叶子的观赏期：全年

图中是羽衣甘蓝的一个园艺品种，其叶子边沿褶皱、叶面还有美丽的斑纹。它的叶色也会随季节的变化而变化，特别是春季及秋季叶子呈现出精致的紫色，叶面的斑纹部分还增添了可爱的粉色。羽衣甘蓝到了春季会开出黄色的花朵，比较耐暑、耐寒，但土壤过湿会导致植株枯萎。

→p.25也有相关的介绍

茴香“紫红”

Foeniculum vulgare 'Purpureum'

伞形科　叶子的观赏期：全年

茴香“紫红”的叶子十分纤细，形状有些类似羽毛。每到秋季，叶子的颜色还会慢慢变深。在桌面的右侧，摆放了茴香“紫红”等多种叶子形状独具特点的香草，让它们相互衬托得更具魅力。茴香“紫红”不容易移栽，要尽量避免移栽。

铜锤玉带草“青柠地毯”

Lobelia nummularia 'Lime Carpet'

桔梗科　叶子的观赏期：全年

铜锤玉带草“青柠地毯”的亮黄色叶子为四周带来欢快、明亮的氛围。铜锤玉带草“青柠地毯”匍匐于地表生长，不断开出纤细的小花。将其种在花盆里，让它攀缘着心形的藤条制品生长，可培育出美观的造型。如果土壤过湿，可能会导致植株枯萎。

唇萼薄荷

Mentha pulegium

唇形科　叶子的观赏期：全年

唇萼薄荷匍匐于地表生长，种在花盆里也相当美观。生命力顽强的唇萼薄荷适合用来覆盖庭院的地表，踩过之后还能发出淡淡的清香。但唇萼薄荷有毒，不可食用。虽然唇萼薄荷喜欢干燥的环境，但也需要定期浇水。

雪叶菊

Senecio cineraria

菊科　开花期：4—8月

叶子的观赏期：全年

每年初夏雪叶菊开放粉色的花朵，而它的造型精美的银色叶子更是美观，完全可当作观叶植物欣赏。雪叶菊不喜欢高温高湿的环境，需选择通风良好的场所种植。这种植物很耐寒，可承受-10℃的低温。

杂扁柏

Cupressocyparis leylandii

柏科　叶子的观赏期：全年

杂扁柏的生命力顽强、生长旺盛，嫩绿的树叶精致而美观。杂扁柏很耐修剪，是造型园艺（将植物修剪成想要的形状）的常用素材。桌子旁边就摆放了一株修剪成棒棒糖形的杂扁柏，将人们的视线引向桌子。

野草莓

Fragaria vesca

蔷薇科　开花期：4—6月、9—10月

野草莓的白色小花装饰着桌子下方的空间。如果您想设计一个香草庭院，野草莓最适合用来覆盖庭院的地表。野草莓的果实虽然小巧，但香气怡人。野草莓不耐旱，需要勤浇水，夏季也需做一些防暑准备。

高山柏“蓝星”

Juniperus squamata 'Blue Star'

柏科　叶子的观赏期：全年

高山柏“蓝星”是一种较矮的、生长缓慢的树木，它的叶子又细又短，茂密地聚集在一起。高山柏“蓝星”的浓绿叶子稍稍泛出一些蓝色，色泽十分美观，为桌子下方的空间带来缤纷的色彩。高山柏“蓝星”的主干较矮，可自然长成饱满的半球形。这种树木耐旱，不喜欢潮湿的环境。

齿叶冬青

Ilex crenata 'Kinmetsuge'

冬青科　叶子的观赏期：全年

这种齿叶冬青的叶子小而密集，适合修剪成各种园艺造型。它的新芽是鲜明的亮黄色，令人充分领略到春季的来临。一盆齿叶冬青被摆在了杂扁柏的下方，两种植物的叶色相互衬托。如果日照不足，这种齿叶冬青的叶色会变得发白。

复古风格的玻璃瓶
既能装饰桌面，又能装肥料

为了让植物健康生长、开花、结果，需要进行施肥。最好能够每月施一次固体肥料。直接把肥料袋摆出来，当然毫无美感可言，因此不妨将肥料装在复古风格的玻璃瓶中（制作方法请参照p.45）。这样肥料瓶也成了一件时尚的装饰品。

双层木桌的
制作方法
→p.107～109

15
从晚秋到来年春季不断开花的三色堇
将典雅的双层木桌装饰得华丽感十足

如果您想设计既典雅又华丽的花园景观，
漆成深蓝色的双层木桌是个不错的平台。
深蓝色的木板十分典雅，可将各色花朵衬托得更美。
到了晚秋，气温逐日下降，冬天一步步逼近，
此时需要不畏严寒、花色多彩的三色堇出场。
三色堇可不断开花到春季，为冬日庭院带来华丽的色彩。
天空容易阴沉的冬季，更需要明亮的黄色花朵。
这个景观的主题是冬季的森林。
沉睡的树木脚下、落叶之下，一群可爱的小花悄悄绽放，孕育出一片神奇世界。
将各色花朵种在大小不同的花篮里，正符合这一主题。
一边设计一边酝酿故事，也是制作庭院景观的魅力之一。

【植物的选择・搭配技巧】

以三色堇作为主角，搭配其他耐寒性较强的花草。紫色的花朵与深蓝色的桌子相互衬托，此外还搭配了黄色的花朵以形成强烈的对比，令整体的色彩更加缤纷绚丽。

主要的花草

三色堇大花品种

堇菜科　开花期：10月至来年5月

颜色对比明显的花朵混栽
鲜艳、醒目的花色格外绚烂

通过不断的杂交、品种改良，三色堇的大花品种与小花品种已越来越难以区分，一般来讲，花朵直径大于3cm的花卉被称作大花品种（Pansy）。图中的盆栽将紫色、黄色的两种三色堇混栽在一起，反差强烈的两种颜色带来鲜明的视觉冲击，成为景观中的亮点。

三色堇“紫罗兰（Violet）”（右）
三色堇“薰衣草色调（Lavender Shades）”（左）

堇菜科　开花期：10月至来年5月

将浓淡两种紫色组合在一起
同色系花卉混栽也充满了乐趣

三色堇的花色十分丰富、可供选择的方案众多，于是为了与蓝色的桌子和谐搭配，选择浓紫色、淡紫色的三色堇小花品种（Viola）混栽在一起。如果浇水太多，会导致茎的节间过长，因此需等到土壤表面稍显干燥后再浇水。个别花朵枯萎后请尽快摘除。

牛至“玛格丽特”

唇形科　叶子的观赏期：全年

牛至“玛格丽特”匍匐于地表生长，叶面有亮黄色的斑纹。气温下降后叶子逐渐变红，带来浓浓的秋意。牛至“玛格丽特”被摆在大小两类盆栽的中间，起到自然过渡的作用。这一品种的牛至比较耐寒，最好保持土壤略微干燥。

→p.59也有相关的介绍

三色堇“赤金（Copper）”

堇菜科　开花期：10月至来年5月

三色堇“赤金”的一朵花朵中包含黄色、红色两种对比鲜明的颜色，令花朵显得异常艳丽。在架子的顶层仅仅摆放一小盆三色堇“赤金”，就非常引人注目。这一品种的花朵数量较多，种植数年之后植株也能保持规整的外观。

甜菜“公牛血”

Beta vulgaris 'Bull's Blood'

苋科　叶子的观赏期：全年

甜菜“公牛血”的叶子呈深红色，表面带有光泽，十分典雅。当天气变冷后，叶色还会进一步变深，变得黝黑发亮。具备一定株高的甜菜“公牛血”被摆在了桌面的后部，一方面衬托主要的花卉，另一方面填补桌子与墙壁间的空间。甜菜“公牛血”耐寒，但不耐暑。

帚石南“花园女孩”

Calluna vulgaris 'Garden Girls'

杜鹃花科　开花期：8—12月

帚石南“花园女孩”虽然是一种灌木，但植株并不高大，外形也比较规整，适合种在花盆里。粉红色的部分并非花瓣而是花萼，因此可保持较长时间。帚石南“花园女孩”长出长花穗，而三色堇的花朵则是平面的，将两种花卉摆在一起，形成鲜明的视觉反差。

三色堇的“鸟巢”风格盆栽

在塑料的扁平圆盘的底部开几个排水口，侧面也钻几个孔，用来穿铁丝。将一些细藤条围成圆环形，用铁丝固定好。在细藤条的内侧铺一些椰壳纤维，防止土壤漏出来（左图）。填入培养土，将三色堇混栽在塑料圆盘内，最后铺上一些苔藓就完成了。在藤条之间也夹一些苔藓，显得更自然（右图）。

大囊岩蕨

Woodsia macrochlaena

岩蕨科　叶子的观赏期：4—12月

随着气温下降，大囊岩蕨的绿叶会逐渐变成漂亮的橙色。在桌子的下方，将一盆大囊岩蕨与其他数种黄色叶子的观叶植物摆在一起，有效地衬托了桌子的天蓝色。大囊岩蕨有些怕冷，冬季有可能会落叶，另外，还需注意定期浇水。

矾根“奶油”

Heuchera 'Butter Cream'

虎耳草科　叶子的观赏期：全年

矾根“奶油”是矾根“甜点系列（Dolce Series）”的一种知名园艺品种，既耐暑也耐寒，生命力顽强。其最大的特点还是鲜艳的黄色叶子，冬季叶子会稍稍变红，而在盛夏时节叶子又会变成嫩绿色。这盆矾根“奶油”被摆在了桌子下方，增添鲜艳的色彩。

矾根“太阳能”

Heuchera 'Solar Power'

虎耳草科　叶子的观赏期：全年

矾根“太阳能”的黄绿色叶子上有红色的斑纹，非常精美。春季的叶色最为鲜亮，到了秋季叶色则变深。叶色在一年四季均有不同程度的变化，并且夏季还能开出白色的花朵。在桌子下方较暗的区域摆一盆矾根“太阳能”，瞬间便可带来鲜艳的亮点。矾根“太阳能”不喜欢湿热的环境。

木藜芦“卡里内拉”

Leucothoe 'Carinella'

杜鹃花科　叶子的观赏期：全年

木藜芦“卡里内拉”是一种灌木，每到冬季它的叶子会变成鲜艳的紫红色，极具观赏性。因此木藜芦“卡里内拉”成了桌面下方诸多植物中的主角。木藜芦“卡里内拉”的植株小巧，无须进行修剪，耐暑耐寒能力强，也不必担心病虫害。

铁罐、蜡烛都是绝佳的装饰物

种在陶土花盆、花篮里的植物显得清新自然，在这些植物旁边点缀一些铁制的装饰物，可形成鲜明的反差，提升整体美感。图中的铁皮饰品与深蓝色的桌面搭配得非常协调。帚石南就种在了铁皮的红茶罐内，红茶罐的颜色还与花色非常类似。

以“冬日森林中的晚会”为主题，还可装饰一些蜡烛。在陶土花盆里放入一些土调整高度，然后将蜡烛放在花盆里。再在蜡烛周围加一些土用来固定，最后装饰一些苔藓就大功告成了。

室内装饰

空气凤梨篇

用空气凤梨装饰室内空间
其外形、颜色、质感均独具个性

空气凤梨原产于美洲，种类繁多，近些年在国内也渐渐流行起来。在原产地，多数种类的空气凤梨都是附着在树木、岩石上生长的。雨、雾能滋润空气凤梨植株，它们通过叶片来吸收空气中的水分、养分。所以即便没有土壤，空气凤梨也能够存活。接下来将为大家介绍：把空气凤梨装饰在藤条圆环上的方法，以及将外形独特的空气凤梨与其他植物一起装饰的方法。外形独特的空气凤梨与怪木、干花等外形同样奇特的物品装饰在一起，令室内充满了自然野性的氛围。

固定在藤条圆环上的空气凤梨包括：丛叶铁兰（大三色）、蛇叶铁兰（美杜莎）、福果精灵、紫罗兰、空气凤梨（*Tillandsia matudae*）、空气凤梨（*Tillandsia paucifolia*）。除此之外，装饰在各处的还有霸王凤梨（圆环左下）、松萝凤梨（圆环下方）、草黄（彗星，桌面上）。

将小木箱用细铁丝挂在墙上，里面放入空气凤梨，摇摇晃晃，十分可爱。也可以将植株较大的空气凤梨用铁丝挂在树枝上，或者用市面上出售的木头装饰品代替树枝。总之，将空气凤梨装饰得接近于原生的状态，可令其显得更自然、美观。将空气凤梨装饰在室内很容易干燥，所以最好每10～15天用水桶装满水，让空气凤梨浸在水中30分钟左右。

【将空气凤梨装饰在藤条圆环上】

将叶子细长的丛叶铁兰（大三色）、植株比较粗壮的蛇叶铁兰（美杜莎）安置在藤条圆环的右下角，组成主要的框架。然后，再在圆环的左上装饰另外几种空气凤梨。

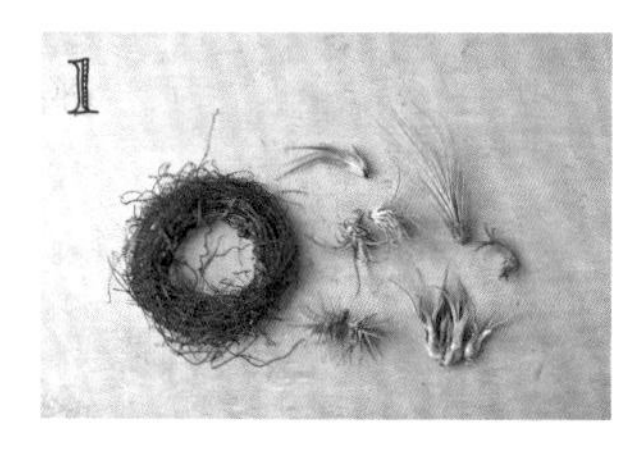

需准备的材料：6种大小及外形不同的空气凤梨、细藤条圆环、铁丝（22号）、钳子。使空气凤梨主要集中在藤条圆环的右下角。

将截成20cm长的铁丝横穿入空气凤梨的根部，穿过去的铁丝长10cm左右。如果铁丝太细，有可能穿不进去，所以需要选择粗细合适的铁丝。

将铁丝的两端向下弯，在根部附近交叉，旋转着拧3圈。拧的过程中尽量不要伤到空气凤梨，留出一些余量、轻轻地拧。

将第3步完成的空气凤梨插到藤条圆环上面。调整每株空气凤梨的朝向，令整体的外观更自然、美观。将铁丝在藤条圆环内部交叉，固定住。

第 3 篇

制造花坛

人们通常认为花坛需要由专业人士打造，
其实您自己也能打造出简单的小型花坛。
只要您拥有少许可种植植物的空地，
设计合理，就能打造出十分美观的花坛！
有些花坛只种灌木、多年生花草或一年生花草，
但如果空间较小，将上述植物混合种植最为合理。
灌木的树形、叶色形成花坛的基础，
生命力顽强的多年生花草，每到春季便生机勃勃，
不同季节种植不同的一年生花草，保持花坛色彩缤纷。
首先选择几株灌木作为基础，然后选择多年生花草，
最后选择色彩艳丽的一年生花草，如此可轻易产生好的设计。
用砖头或石板在花坛旁铺设小径，
石板之间点缀匍匐生长的植物，再铺一些草坪……
着手打造之后，您会发现打造花坛没有想象得那么难。
所以一旦完成设计，就动身前往园艺店购买材料吧。
本部分将为您介绍小型花坛、附带小径的花坛的打造方法。
门前的小小空地、庭院一角的荒置空间，
都能成为您展示创意的精美花坛。

小型花坛的制造方法→p.74、p.75

16

门前的狭小空地，变成精美的小花坛
种植应季的美丽花朵，感受四季变化

门前往往会有一些小空地，但不免过于狭窄。
然而只要种植一些花草，狭窄的空间也会显得宽敞、饱满。
让色彩鲜艳的花朵从边沿伸出，增添花坛的美感。
花坛一般由不同季节的一年生花草构成，
但一年生花草太多的话，到了冬季，花坛不免变得荒凉、寂寞。
而且每年都要重新种植植物，令人感到烦琐。
所以加入一些灌木、观叶植物等多年生植物，构成花坛的基础。
再分季节种植应季的一年生花草，
就可轻松地打造出整洁、美丽、四季常青的花坛。
逐年成长的多年生植物，将为花坛带来持久的生命力。
尽情展现您的个性，设计属于自己的小花坛吧。

【植物的选择·搭配技巧】

在花坛后部种植挺拔的珍珠绣线菊，作为整体的基轴，然后用金叶小檗、素方花形成整体的框架。初夏至晚秋开花的大丽花则是主要花卉，安置在中央最醒目的位置。

主要的植物

大丽花“瑞风（Refine）”（左）
大丽花“星姐（Star Sister）”（右）
菊科　开花期：6—7月、9—11月

除了盛夏之外，可长时间开花
花朵艳丽的球根植物

如果设计小花坛，最适合选用植株小巧、花朵尺寸适中、花朵数量较多的花卉。作为主角的大丽花“瑞风”的旁边，搭配亮黄色花朵的大丽花“星姐”，双方相互衬托得越发鲜艳。这两种花卉在夏季都不易开花，此时可将植株剪短，使其修养，秋季就可绽放更美丽的花朵。冬季植株地表部分枯萎，如果冬季不太冷，不将球根挖出也没问题，到了春季会再次发芽。

百日草“女王红青柠（Queen Red Lime）”（左）
百日草“绿青柠（Green Lime）”（右）
菊科　开花期：5—11月

植株挺拔、花瓣重叠
鲜艳醒目的花色魅力十足

百日草“女王红青柠”、百日草“绿青柠”都是一年生花卉，它们的花形极为典雅，株高可达50～60cm。两种花朵争奇斗艳，混栽在花坛的后方，带来缤纷的色彩。两种花卉都比较耐暑，开花一段时间之后可将花茎剪短，这样到了夏季又会盛开出许多花朵。

灌木

设计花坛时，可选取一些灌木作为基础植物。灌木包括常绿灌木和落叶灌木，花坛中加入臭叶木、素方花等常绿灌木，就能在冬季也欣赏到绿色了。

素方花“菲奥娜日出”

Jasminum officinale 'Fiona Sunrise'

木樨科　开花期：5—10月　叶子的观赏期：全年

素方花“菲奥娜日出”的金黄色叶子鲜艳而美观，枝条呈放射状伸展，整个植株可为花坛带来明亮的色调及动感。春季到秋季，素方花“菲奥娜日出”会不断开放白色的小花，散发怡人的香气。花期过后可将枝条剪为原来长度的一半，防止其过度生长。在气候寒冷的地区，冬季有可能会落叶。

斑叶五叶地锦

Parthenocissus quinquefolia 'Variegatus'

葡萄科　叶子的观赏期：5—11月

斑叶五叶地锦是一种原产于北美的藤本植物。它的叶子分作五瓣，上面带有点状的斑纹，带给人清新爽朗的印象。斑叶五叶地锦可以攀缘着墙壁等物体向上生长，将它安置在花坛的前部，可营造出明亮活泼的氛围。天气变冷后叶子会变红，然后就会掉落。

珍珠绣线菊

Spiraea thunbergii

蔷薇科　开花期：3—4月 叶子的观赏期：5—11月

珍珠绣线菊的枝条众多，植株较为茂密，可以长到1m以上。高耸的枝条略微弯曲，拿来充当花坛的中轴再合适不过了。珍珠绣线菊春季长出叶子，秋季叶子变红、掉落。花期过后可将枝条尽量剪短，没到秋季就又会长高。

日本小檗“奥里亚”

Berberis thunbergii 'Aurea'

小檗科　叶子的观赏期：4—11月

日本小檗“奥里亚”是一种叶色鲜明的小檗品种，属于落叶灌木，到了冬季就会落叶。每年早春日本小檗“奥里亚”长出新芽，夏季时的叶色最为鲜艳，到了秋季叶子则稍稍变红。将日本小檗“奥里亚”的枝条修剪规整，不仅植株的外形美观，还可为花坛带来亮丽的色彩。

臭叶木“比森的黄金”

Coprosma 'Beatson's Gold'

茜草科　叶子的观赏期：全年

臭叶木“比森的黄金”的浓绿叶子上有黄色的斑点，整个植株看起来比较鲜艳、醒目。臭叶木“比森的黄金”的植株并不高大，适合栽在花盆里欣赏。这种植物喜欢干燥的环境，在气候温暖的地区也可将其种在花坛里，但冬季仍需注意防冻。

加入黄色叶子、叶面带斑点的观叶植物，让主角大丽花的美更上一个台阶。

多年生草本植物

花坛中加入数种多年生草本植物，可连续多年欣赏到花朵和绿叶。但多年生草本植物可能会因为酷暑、严寒而枯萎。如果能顺利度过盛夏、寒冬，春季便可发出新芽，您将再次迎来赏心悦目的一年。

峨参“金羊毛”

伞形科　开花期：5—7月

此为峨参的一个园艺品种，专门用于观赏。其株高约为60cm，黄绿色的叶子十分纤细，放射状伸展的小白花显得极为轻盈，为花坛增添了不少活力。这一品种的峨参比较耐暑、耐寒，冬季地表部分会枯萎。

→p.44也有相关的介绍

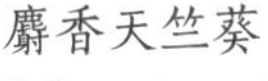

麝香天竺葵

Pelargonium odoratissimum

牻牛儿苗科　开花期：4—9月

麝香天竺葵的叶子散发着类似苹果的香味，因而得名Apple geranium。它的圆形小叶子十分可爱，花朵也比较精致，因此适合栽在花坛的边沿，让花坛的整体造型更贴近自然。麝香天竺葵惧怕湿热的环境，如果植株过密可摘掉一些叶子。冬季也需注意防冻。

天人菊“眼花缭乱”

Gaillardia pulchella 'Razzle Dazzle'

菊科　开花期：5—10月

这是天人菊的一个园艺品种，重叠交织的花瓣有橙色、黄色、红色等多种颜色，花朵十分艳丽。天人菊“眼花缭乱”的植株较高，因此被安置在花坛后部，很好地衬托了作为主角的大丽花。天人菊“眼花缭乱”在较为温暖的地区可以越冬，花朵枯萎后将花茎剪短，这样还可开出新花。

天芥菜“青柠叶”

Heliotropium 'Lime Leaf'

紫草科　开花期：4—9月

天芥菜“青柠叶”是一种香草，其亮黄色的叶子十分醒目。茎和叶被柔软的细毛覆盖，其手感有些类似天鹅绒。天芥菜“青柠叶”的植株小巧，适合成为花坛中的装饰性植物。这种植物比较耐暑，但不耐寒，有时也被当作一年生植物种植。

芳香天竺葵

Pelargonium (scented-leaved group)

牻牛儿苗科　开花期：4—9月

叶子具有香气的天竺葵统称为芳香天竺葵，此类天竺葵的外观自然朴素，很受欢迎。芳香天竺葵的叶子形状独特，适合栽在花坛的一角起到“镶边”作用，如果与叶子形状不同的麝香天竺葵种在一起，更能突出两种植物的独特魅力。冬季需注意防冻。

升麻“卡贝内拉”

Cimicifuga 'Carbonella'

毛茛科　开花期：7—10月 叶子的观赏期：5—11月

升麻“卡贝内拉”的叶色较深、有些发黑，适合与黄色叶子的植物搭配，形成鲜明的对比。到了春季叶色变得更深，进入夏季后叶色又会变淡，四季的细微变化也增添了其观赏性。升麻“卡贝内拉”的株高大约为1m，夏季长出的花穗也十分美观。天气变冷后会落叶，春季再度发芽。升麻“卡贝内拉”比较怕热，喜欢稍显湿润的阴凉场所。

【小型花坛的制造方法】

花坛最好体现出层次感，所以将整个空间分为“前部、中部、后部”三个区域。最主要的灌木安置在后部中央，最主要的花卉则安置在最醒目的前部中央。后部植物较高，前部植物较矮，可令整体更和谐自然。

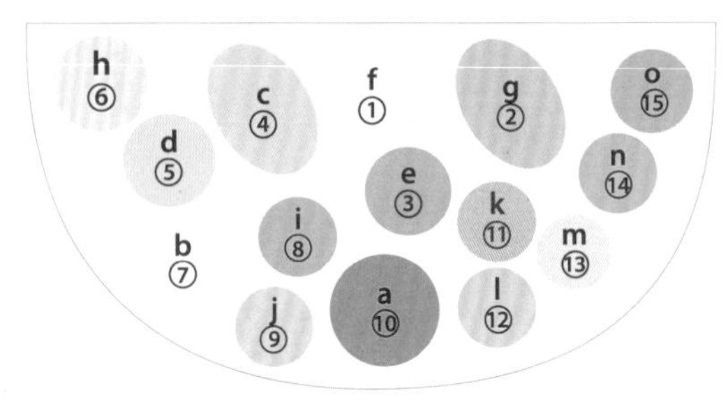

注：序号是种植的顺序
花坛的尺寸是长 70cm，宽 40cm

● 植物栽培图

- a 大丽花“瑞风”
- b 大丽花“星姐” 2株（*）
- c 百日草“女王红青柠” 2株（*）
- d 百日草“绿青柠”
- e 天人菊“眼花缭乱”
- f 珍珠绣线菊
- g 升麻“卡贝内拉” 2株（*）
- h 臭叶木“比森的黄金”
- i 日本小檗“奥里亚”
- j 斑叶五叶地锦
- k 峨参“金羊毛”
- l 麝香天竺葵
- m 天芥菜“青柠叶”
- n 芳香天竺葵
- o 素方花“菲奥娜日出”

（*）表示一起种植

花坛前面覆盖地表的植物将在 p.84~86 进行介绍。

● 所需材料

砖头 长21cm，宽10cm，厚6cm 2块
长10cm，宽10cm，厚6cm 10块（半块砖头）
培养土

1

预先摆放砖头，调整花坛形状。调整好形状之后，按压砖头令其固定。尽量缩小缝隙，避免培养土漏出。砖头的高度稍有差别也没关系，这样反而更自然美观。

2

把培养土倒入花坛，加入一些底肥，将培养土与底肥混合均匀。培养土的高度达到花坛的一半即可。

3

在花坛的后部中央位置种植珍珠绣线菊（①），作为整个花坛的基轴。珍珠绣线菊也决定了整个花坛中植物的高度，调整植株的朝向，令最茂盛的枝叶朝向前方。

4

在珍珠绣线菊的右侧，并排种植2株升麻“卡贝内拉”（②）。并排种植2株，可令枝叶显得更茂密，充分展现升麻“卡贝内拉”的深绿色叶子，为整个花坛增添色彩。

5

种植天人菊“眼花缭乱”（③），让它与珍珠绣线菊、升麻“卡贝内拉”排列成三角形。调整天人菊“眼花缭乱”的植株，令前部稍低、后部稍高，这样可令整体造型更自然。

6

中部的左侧区域，种植百日草（④、⑤）。百日草与右侧的天人菊“眼花缭乱”保持同样的数量。同样调整为前部稍低、后部稍高。

7

后部的左侧区域，种植臭叶木“比森的黄金”（⑥），令其枝叶稍稍伸出花坛。接着在前部左侧种植2株大丽花“星姐”（⑦），让花朵稍稍向前倾斜，可令花朵更加醒目。

8

将日本小檗“奥里亚”（⑧）种在中央偏左的位置，然后在其前方种植斑叶五叶地锦（⑨）。前部的中央位置则种植主角大丽花“瑞风”（⑩），让花朵稍向左倾斜，可显得更醒目、美观。

9

种植植株较高的峨参“金羊毛”（⑪）。调整植株的朝向，让峨参“金羊毛”的纤细叶子轻盈地伸展到其他植物上方。将剩下的植物按照植物栽培图中的顺序依次种植。

10

在花坛边角的6处小空隙中，分别种植一些覆盖地表的植物。请根据您的喜好选择不同叶色、叶形的植物。

附带小径的花坛的制造方法→p.82、p.83

17

石板铺成的小径、狭长的花坛 每次通过都能沐浴花草的芬芳

从大门到住宅的数米距离，
被改造成为“附带小径的花坛”，将庭院升华为优雅的空间。
石板小径缓缓弯曲，勾勒出精致、柔和的曲线，
小径旁边是高矮不同的各色植物组成的立体花坛。
通过以上技巧，可让狭窄的庭院尽可能地显得宽敞。
在小径和花坛之间故意留出少许空间，整体构图更充实。
首先选择5、6种灌木，作为花坛的基础。
然后选择主要的花色，决定花坛的整体氛围。
图中的花坛以初夏为主题，选取紫色花卉为主角，
搭配粉花和白花，形成典雅、可爱的花丛。
虽然没有大花，众多小花集中在一起同样精美绝伦。

【植物的选择・搭配技巧】

首先选择若干种灌木，组成花坛的框架。然后选择作为主角的紫色花卉，接着搭配一些粉色、白色花卉，用来衬托紫色的花卉。此外还要考虑到植物的高矮差别，合理搭配。

主要的植物

珊瑚树
Viburnum odoratissimum
五福花科 叶子的观赏期：全年

高大、轻盈的树形魅力十足
成为花坛里最显眼的植物

珊瑚树的叶子光鲜亮丽、四季常绿，初夏盛开白色的小花，秋季结出鲜红的果实，用不同的色彩妆点四季的景色。叶子容易遭遇虫害，所以不要种在阴影中、通风不良的场所。珊瑚树很耐修剪。

乔木绣球“安娜贝尔”
Hydrangea arborescens 'Annabelle'
绣球科 开花期：6—7月

洁白的大花楚楚动人
让花坛后部也引人注目

乔木绣球“安娜贝尔”比较耐寒，花朵可以保持较长时间。一开始乔木绣球“安娜贝尔”的花蕾是淡绿色的，随后开出洁白的花朵，一段时间之后花朵也带有一些绿色，而到了秋季花色会进一步加深。冬季的时候，可对乔木绣球“安娜贝尔”的植株适当进行修剪。

无毛风箱果“空竹”
Physocarpus opulifolius 'Diabolo'
蔷薇科 叶子的观赏期：4—11月

黑紫色的叶子极具装饰效果
紫叶与白花相互衬托

无毛风箱果“空竹”的独特叶色给花坛带来了对比色，提升了整体的视觉效果。无毛风箱果“空竹”于初夏盛开白色的小花，秋季叶色变得更深，冬季落叶。这种植物喜欢光照良好的环境，但缺水后会掉叶，可用塑料薄膜覆盖其根部来保湿。

灌木 将灌木种在花坛的后部，可规划出整个花坛的轮廓。将高矮不同的灌木合理搭配，更能突出高低落差，提升整体魅力。对于耐修剪的灌木，还可将它们剪短后作为观叶植物欣赏。

圆锥绣球“聚光灯”

Hydrangea paniculata 'Limelight'

绣球科　开花期：7—9月

圆锥绣球“聚光灯”是一种既耐暑也耐寒的落叶灌木，其锥形的硕大花序极具观赏价值。花朵刚开放时是黄绿色的，随后变为白色，到了秋季花朵又呈现出些许红色，一年四季都显得十分华丽。冬季也可修剪枝条，花朵会在春季新长出的枝头开放。

欧洲荚蒾

Viburnum opulus

五福花科　开花期：5月

欧洲荚蒾开出的白色花球同样、华丽。这种植物虽然很耐寒，但冬季仍会落叶。春季新长出的嫩绿叶子十分醒目。最好花期过后立刻修剪枝条，这样有利于来年多开花。欧洲荚蒾也比较耐暑。

亮叶忍冬“金叶”

忍冬科　叶子的观赏期：全年

亮叶忍冬“金叶”是一种常绿灌木，拥有精美小巧的黄绿色叶子。亮叶忍冬“金叶”全年都可保持亮丽的叶色，是颇受欢迎的观叶植物，将其剪短后种在花坛边沿的效果极佳。将亮叶忍冬“金叶”种在紫色花卉旁边，也可将花朵衬托得更美。这种植物既耐暑也耐寒，生命力顽强。

→p.22也有相关的介绍

斑叶小腊

木犀科　叶子的观赏期：全年

斑叶小腊很耐修剪，将它种在花坛前部并保持植株较矮，可让花坛的前部一年四季充满绿色。斑叶小腊开出的白花也容易和其他观叶植物的叶色形成对比，起到相互衬托的作用。

→p.23也有相关的介绍

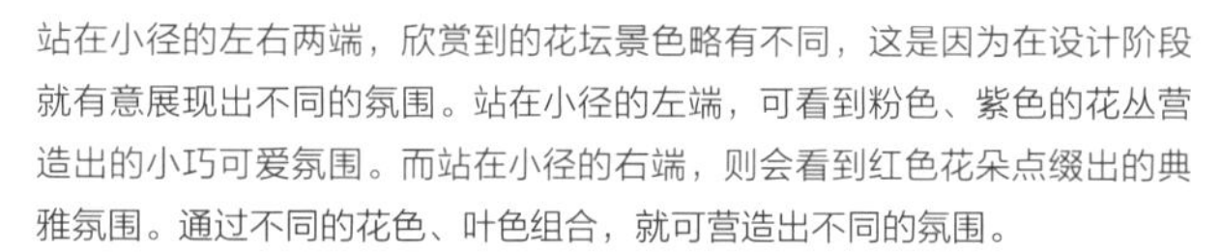

站在小径的左右两端，欣赏到的花坛景色略有不同，这是因为在设计阶段就有意展现出不同的氛围。站在小径的左端，可看到粉色、紫色的花丛营造出的小巧可爱氛围。而站在小径的右端，则会看到红色花朵点缀出的典雅氛围。通过不同的花色、叶色组合，就可营造出不同的氛围。

多年生草本植物

多年生草本植物一般可以连续欣赏数年，它们比较耐暑、耐寒，可保持四季常绿，有些虽然冬季枯萎但春季仍会发芽。以它们作为花坛的基础植物，不用太费精力，就可每年欣赏美丽的花草。

南非葵

Anisodontea

锦葵科　开花期：4—11月

南非葵的花茎挺拔，上面开满了直径2～3cm的粉色小花，花茎带着花朵随风摇曳的样子令人陶醉。南非葵的花朵是一日花，当天开放、当天凋谢，但可以不断开花。这种花卉既耐暑也耐寒，生命力旺盛，如果长得过高可适当修剪。

宿根柳穿鱼

Linaria

车前科　开花期：4—7月

宿根柳穿鱼的花穗细长，由众多小巧的小花组成，整个植株非常挺拔、纤细。将宿根柳穿鱼与其他纵向线条优美的植物混栽，可相互衬托得越发美丽。宿根柳穿鱼虽是多年生植物，但寿命并不长，且其种子很容易发芽。这种植物惧怕湿热的环境，不宜多浇水。

天竺葵“桃子”

牻牛儿苗科　开花期：4—7月

天竺葵“桃子”是天竺葵的一个园艺品种，其株高只有30cm左右，非常适合种在花坛前部。粉色的精美小花如同飞舞的蝴蝶，可从春季一直绽放到初夏。气温下降后颜色逐渐变深的叶子也颇具魅力。

→p.42也有相关的介绍

蓝盆花“紫水晶粉”

Scabiosa 'Amethyst Pink'

忍冬科　开花期：5—10月

蓝盆花“紫水晶粉”的植株较高，直径6cm的花朵精美、硕大，整个植株随风摇曳的姿态令人难忘。蓝盆花“紫水晶粉”已被改良得可以四季开花，生命力顽强。但这种花卉比较怕热，需保持通风状况良好。另外还需注意及时摘除枯花、枯黄的叶子。

细长马鞭草“静脉”

Verbena rigida 'Venosa'

马鞭草科　开花期：5—10月

细长马鞭草“静脉”有着细长的花穗，花穗顶端绽放的小花呈伞状。细长马鞭草“静脉”的株高为30～40cm，生命力顽强，适合栽在花坛前部。花朵枯萎后可剪短花茎，这样从较低位置可再次开花。细长马鞭草“静脉”生有地下茎，冬季地表部分枯萎。

鼠尾草“玛瑙斯”

Salvia 'Manaus'

唇形科　开花期：5—11月

鼠尾草“玛瑙斯”的深红色花朵非常醒目，与绿色的叶子形成鲜明的对比，其红褐色的花茎也十分典雅。将2、3株鼠尾草“玛瑙斯”集中栽在一起，并令其花茎稍稍向花坛外倾斜，视觉效果绝佳。鼠尾草“玛瑙斯”比较耐暑，可不断开花，花期过后可将植株剪为原来的高度一半。

牛至“亮点”

Origanum 'Highlights'

唇形科　开花期：5—11月

牛至“亮点”的香气怡人，花朵也很可爱。牛至“亮点”的花蕾是黄绿色的，然后绽放出粉色的花朵，开花之后花朵的底部逐渐变红，令其色彩更具魅力。可于7月将植株剪短，这样到了秋季可再度开花。牛至“亮点”惧怕高温高湿的环境，不宜多浇水。

玉簪“八月的月光”

Hosta 'August Moon'

天门冬科　叶子的观赏期：4—11月

玉簪“八月的月光”厚实、硕大的叶子是其最大的特征，为花坛带来明亮的绿色。初夏，玉簪“八月的月光”还会长出花茎并开花。在光照强烈的夏季，还能保持鲜亮叶色的植物非常难得，玉簪“八月的月光”正是其中之一。随着气温下降，叶色变黄，随后叶子掉落。

一年生草本植物

用灌木和多年生草本植物构成花坛的基础之后，再加入一年生草本植物来增添鲜艳的色彩。春季、夏季可选择矮牵牛、藿香蓟等；秋季、冬季可选择三色堇等花期较长的花卉。

重瓣矮牵牛“蓝冰（Blue Ice）”

茄科　开花期：4—11月

重瓣矮牵牛“蓝冰”的花瓣重叠，花朵直径为2~2.5cm，其高雅的花色颇具魅力。重瓣矮牵牛“蓝冰”的植株较低，只有20cm左右，用它可以把花坛边沿装饰得色彩缤纷。重瓣矮牵牛“蓝冰”容易遭受虫害，可用药剂预防。如果植株的中心部分花朵变少，可大胆地将中心部分剪短。

藿香蓟

Ageratum

菊科　开花期：5—11月

藿香蓟的蓝色小花形成一簇簇花球，带给人清凉的印象。藿香蓟的株高约为30cm，植株外形比较规整，种在花坛前部非常美观。藿香蓟惧怕高湿蒸腾的环境，如果植株过于茂密可适当修剪。花朵枯萎后可将整个花球摘掉，这样还会长出侧芽并继续开花。

蕾丝花

Orlaya grandiflora

伞形科　开花期：4—7月

蕾丝花的花茎细长，花茎顶端盛开着蕾丝状的白花，营造出优雅的氛围。可选择合适的场所充分展现蕾丝花的纵向线条，最大限度地突出其美感。蕾丝花非常怕热，无法度过夏季，但其掉落的种子很容易发芽。

白雪木

大戟科　开花期：5—10月

将白雪木种在花坛的前部，用其白色的小花柔和地覆盖周边区域。

→p.10、p.18、p.23也有相关的介绍

黑种草“绿色魔法”

Nigella damascena 'Green Magic'

毛茛科　开花期：4—7月

黑种草“绿色魔法”的整个植株呈现清爽的绿色，可为花坛带来清新自然的氛围。黑种草“绿色魔法”结出的果实像个膨胀的小气球，显得精美可爱，并且可以欣赏很长时间。将其制作成干花也很美观。

银边翠

大戟科　叶子的观赏期：5—10月

随着气温升高，银边翠的绿色叶子的边缘会变白，并且植株顶端开出白色的小花。银边翠的叶子像盖上了一层细雪，可以与其他黄绿色叶子的观叶植物相互衬托。银边翠生长迅速，如果想控制其高度，可摘去顶端的芽。

→p.29也有相关的介绍

繁星花“名流紫星”

Pentas lanceolata 'Glitterati Purple Star'

茜草科　开花期：5—11月

繁星花“名流紫星”的众多小花形成一个个大花球，非常引人注目。花瓣上的粉、白双色组合尤其显得可爱。酷暑时节，繁星花“名流紫星”也能不断开花，为花坛增光添色。与斑点叶片的观叶植物混栽，最能凸显这种花卉的美丽。由于繁星花“名流紫星”非常怕冷，只能作为一年生花卉种植。

【附带小径的花坛的制造方法】

较为简便的建造顺序是：铺设小径→铺设草坪→制造花坛。不要过分雕琢，保留一些自然的原始气息，整个景观会更加可爱。一边翻看花草图鉴一边选择需要的植物，也是一种惬意的享受。

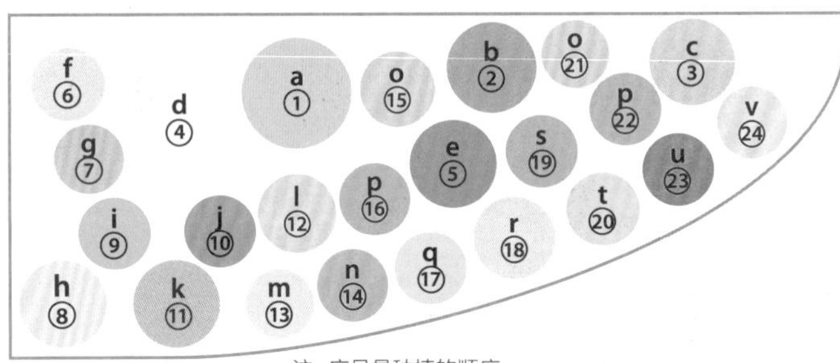

注：序号是种植的顺序

花坛的尺寸是长190cm，宽（最大）100cm

● 植物栽培图

a　珊瑚树
b　无毛风箱果“空竹”
c　欧洲荚蒾
d　乔木绣球“安娜贝尔”
e　圆锥绣球“聚光灯”
f　南非葵
g　玉簪“八月的月光”　2株（*）
h　天竺葵“桃子”　3株（*）
i　银边翠　2株（*）
j　牛至“亮点”　3株（*）
k　藿香蓟　3株（*）
l　蓝盆花“紫水晶粉”
m　亮叶忍冬金叶　3株（*）
n　重瓣矮牵牛“蓝冰”　2株（*）
o　宿根柳穿鱼　4株（在2个位置分别种植2株）
p　细长马鞭草“静脉”　2株（在2个位置分别种植1株）
q　黑种草“绿色魔法”　2株（*）
r　繁星花“名流紫星”　3株（*）
s　蕾丝花
t　斑叶小腊　3株（*）
u　鼠尾草“玛瑙斯”　2株
v　白雪木

（*）表示一起种植

方石砖缝隙间覆盖地表的植物将在p.84~86进行介绍。

● 所需材料

方石砖　长20cm，宽20cm，厚3～5cm　25块
草坪（结缕草）长30cm，宽25cm　20块
肥料（堆肥或腐殖土）
腐殖土（装饰用）

1 选好方石砖的摆放位置。最好选择边沿较粗糙的方石砖，且在方石砖之间稍稍留出一些缝隙，这样显得更自然。先用小锄头将地面整理平整，然后铺设方石砖。

2 在小径的旁边铺设草坪。先用小锄头将地面整理平整，然后铺设草坪。每块小草皮之间有缝隙也没关系，数月之后缝隙就会被草填满。4—5月或初秋是铺草坪的好季节。

3

在预备制造花坛的地方撒上堆肥或腐殖土，然后充分疏松土地。

4

先把灌木连同花盆一起摆放，观看效果。将较高的灌木摆在中央，叶子形状较为独特的植物摆在旁边作装饰。可离远一些观看，调整总体的平衡。

5

在确定好的位置挖坑，种植灌木。根据枝条的朝向、茂密程度等调整植株的方向。然后把需要栽在花坛中部的植物（主要是多年生花草）连同花盆一起摆出来，调整位置。

6

剩下的植物也都连同花盆一起摆出来。靠前的一列是植株较矮、颜色鲜艳的一年生花草。在花卉之间，安插一些亮色系的观叶植物，可提升整体美感。

7

决定好种植位置之后，就可以挖坑种植对应的植物了。一年生花草的植株较小，可2、3株一起种植。这样不会显得单薄，一簇簇小花丛也更加华丽。

8

合理地搭配花卉及观叶植物，相邻的植物要尽量选择不同的颜色，不要将相同颜色的植物种在一起。种植时还需注意调整好枝条、花茎的朝向。

9

在方石砖之间挖一些小坑，种植能够覆盖地表的植物。如果植株过大，就进行分株，令其适合塞进小坑里。多选几种覆盖地表的植物，这样显得更自然美观。

10

最后在花坛中看得见土壤的地方撒一些腐殖土，用作装饰。在花坛前列较为醒目的位置，可将腐殖土仔细地洒到植物的根部，营造自然原生的氛围。

关于覆盖地表的植物

在庭院或花坛种植花草之后，部分区域的土壤暴露在外，不免影响了整体的美观。此时，覆盖地表的各种植物，将发挥关键的作用。所谓覆盖地表的植物，就是指那些匍匐于地表生长、蔓延，植株较低的植物。它们可称得上是花坛、小径的最佳搭档。因为它们可以覆盖裸露的地表，填补石砖之间的缝隙，瞬间提升美观程度。需要注意的是，具体选取哪种植物用来覆盖地表，种植的场所光照是否充足，是否需要植物紧贴着地表生长，何种叶色较为恰当，都是需要考虑的因素。综合以上因素，最终选择出与自己的庭院环境、花坛风格相符的植物。多选几种不同的植物搭配种植，整体效果更加自然。下面将为您介绍一些生命力较强、较易成活的覆盖地表的植物。由于生命力顽强，这些植物有可能长得过于茂密，别忘了定期修剪。

【值得推荐的品种】

薜荔“绿灯”

Ficus pumila 'Green Light'

桑科　叶子的观赏期：全年

薜荔“绿灯”的小巧叶片上有白色斑纹，带给人清爽的印象。薜荔“绿灯”匍匐于地表生长，且长得较快，在日照不足的场所也能健康生长。当气温低于15℃时，枝条长得缓慢。

假雏菊

Bellium bellidioides

菊科　开花期：4—10月

假雏菊盛开出众多直径1cm左右的可爱小花，几乎覆盖整个植株。假雏菊不喜欢湿热的环境，但该区域只要在夏季的午后能处于阴影之中，就可以种植假雏菊。假雏菊的整体外观比较蓬松，可营造出自然和谐的氛围。

筋骨草“银色雪纺”

Ajuga 'Silver Chiffon'

唇形科　叶子的观赏期：全年

筋骨草“银色雪纺”匍匐于地表生长，比较怕热，所以夏季需选择半背阴、通风良好的场所种植。筋骨草“银色雪纺”比较耐寒，春季开出的粉色花朵也很可爱。

麦冬“玉龟”

Ophiopogon japonicus 'Gyokuryu'

天门冬科　叶子的观赏期：全年

麦冬“玉龟”的绿叶十分纤细，既耐暑也耐寒，栽在哪里都能成活。每到初夏，麦冬“玉龟”开出淡紫色的小花，冬季则结出小巧的果实。麦冬“玉龟”的生长比较缓慢，靠地下茎繁殖。

婆婆纳“红线紧凑”

Veronica 'Redline Compacta'

车前科　叶子的观赏期：4—11月

婆婆纳“红线紧凑”的茎是红色的，整体外观很有个性。这种植物匍匐于地表生长，春季绽放蓝色的小花。婆婆纳“红线紧凑”比较耐寒，夏季则需保持通风良好。

早花百里香“高地奶油”

Thymus praecox 'Highland Cream'

唇形科　叶子的观赏期：全年

早花百里香“高地奶油”匍匐于地表生长，其黄绿色的叶子非常小巧、茂密，并且散发出香味。早花百里香“高地奶油”春季至初夏开花，惧怕高温高湿的环境，如果长得过长，可适当修剪。

忍冬“马卡龙”

Lonicera 'Macaron'

忍冬科　叶子的观赏期：全年

忍冬“马卡龙”的绿色小圆叶连成一片，显得非常可爱。它既耐暑也耐寒，生命力十分顽强。如果植株太长，可进行修剪。忍冬“马卡龙”也适合用来给花坛“镶边”。

除了这里介绍的用于覆盖地表的植物之外，本书介绍的其他一些植物也适合用来覆盖地表。它们包括：日本活血丹“青柠薄荷”（p.10）、斑叶沿阶草（p.10）、洋常春藤“三叶草”（p.23）、拟景天“斯蒂芬妮·金”（p.32）、铜锤玉带草“青柠地毯”（p.60）、唇萼薄荷（p.60）、野草莓（p.61）。

颇受欢迎的景天属

景天属的植物非常耐旱，生长速度快。它们喜欢通风良好的场所，惧怕高温高湿的环境。冬季景天属植物的地表部分枯萎，春季会再度发芽。

景天“含羞草”

Sedum 'Mimosa'

景天科　叶子的观赏期：全年

景天“含羞草”的叶子非常精巧。这种植物匍匐于地表生长，生长速度较快。如果植株过于茂密，可适当修剪，改善通风状况。如果光照不足，叶色会变浅。

圆叶景天“黄金圆叶万年青”

Sedum makinoi 'Ogon'

景天科　叶子的观赏期：全年

如同名字显示的那样，圆叶景天“黄金圆叶万年青”的亮黄色叶子为周围带来欢快的亮色。将它与叶形、叶色均不相同的麦冬“玉龟”种在一起，可很好地相互衬托。

斑叶圆叶景天

景天科　叶子的观赏期：全年

斑叶圆叶景天的叶子周围有一圈白边，显得清爽自然。将斑叶圆叶景天与假雏菊、麦冬“玉龟”种在一起，3种植物可相互衬托得更美丽。

景天“森村”

Sedum 'Morimura'

景天科　叶子的观赏期：全年

景天“森村”的生命力旺盛，不断向四周扩展茎和叶，春季开出黄色的小花。景天“森村”不喜欢高湿的环境，喜欢光照充足的场所。如果植株长得过于蓬乱，可进行修剪。

六棱景天

景天科　叶子的观赏期：全年

六棱景天的密实、螺旋状的叶子外形极为独特。春季长出新芽，夏季停止生长。如果日照不足或排水不畅，会影响它的生长。

→p.32也有相关的介绍

将上述植物种到方石砖的缝隙中时，需要进行分株。分株的窍门是，拿起植物的根，寻找能够自然分开的部分，然后轻轻将其分开。如果粗暴地用力撕，会伤到植物的根。

花坛的维护

5月制造的小花坛（p.70），到了秋季时花朵大多凋谢，灌木及观叶植物也长高了不少。接下来需要补栽一些秋季开花的一年生花卉，让花坛重新焕发光彩。

1

将花朵凋谢、植株枯萎的植物连根挖出。在空出来的区域撒一些肥料，与土壤搅拌均匀，可让新种下的一年生花卉开出更多花朵，花色也会更艳丽。

2

对留下来的灌木、观叶植物进行修剪。剪掉枯萎的枝条，修剪过长的枝条，让植株的外形更加规整。为了保持植物的自然形态，不要剪得过于整齐。

3

综合考虑高度、颜色等因素，选好补栽的植物，然后从后部开始种植。首先挖好坑，将紫菀（*Aster*）种下。调整紫菀的植株朝向，令其稍稍向前倾斜。

4

在中央位置种植紫红色的菊花“图尔马莱山（Mount Tourmalet）”，成为整个花坛的主角。让珍珠绣线菊的枝条稍稍搭在菊花“图尔马莱山”上方。留下来的植物与新种下的植物相互交织，显得更自然。

5

花坛左端种植紫罗兰。墨西哥鼠尾草（*Salvia leucantha*）则种在花坛的右前方，让其紫色的细长花穗垂向外侧，为花坛带来动感。只需加入一种花穗下垂的植物，便可让整个花坛显得更活泼。

6

完工。以紫色为主题的花坛，很符合秋季的氛围。主角是紫红色的菊花“图尔马莱山”，白色的紫罗兰则起到衬托作用。只补栽了4种花卉，便让花坛重新焕发了光彩。

栽培植物的基本技巧

掌握一些基本技巧，就可让您的植物更健康地生长，绽放更美丽的花朵。这些基本技巧包括关于土壤、肥料、水、日常维护等方面的内容。让我们掌握好这些技巧，享受与植物为伴的每一天吧。

● 关于土壤

基本上，我们栽培植物时需要使用培养土（右侧图片），这些土里面已经添加了肥料。一般来讲，价格越贵的培养土的土质越好。但即便培养土里面已经包含底肥，为了让植物不断开花，还需追加一些肥料。如果将植物栽在花盆里，为了保持排水良好，需要先在盆底铺一些盆底石。盆底石的高度达到花盆深度的1/5即可。

● 关于浇水

土壤的表面干燥、微微发白，这就是需要浇水的信号。浇水要充分，一直浇到有水从盆底流出为止。气候稳定的春季、秋季，植物的生长旺盛，可从植物上方充分地浇水。夏季气温、湿度较高，浇水时注意不要淋到花朵和叶子上。冬季需要减少浇水的次数，最好选择太阳升起后的上午浇水；正午以后最好别浇水；避免夜间结冰。

● 关于修剪

如果植物长得过于高大、外形凌乱，需要将其剪短，修整植株外形。从根部往上留出2、3个节间，在此以上部分基本都可剪掉。剪掉过长的花茎，还可以促进植株长出更多的花朵。特别是进入雨季或夏季之前，将密集交错的枝、茎剪短，可以改善通风状况，帮助植物度过炎热的夏季。因为如果通风不畅，会导致植物更容易生病或遭受虫害。

● 关于肥料

肥料可以促进植物生长，让植物更多更好地开花，肥料大致可分为两类。分别是种植植物时培养土里面包含的底肥，以及为花期较长的植物补充养分的追肥。园艺常用的固体肥料属于缓释肥料，持续时间较长，所以每个月施加1次追肥即可。不要让肥料直接接触植物，将肥料放在根部旁边土壤表面的数处即可。

● 关于预防虫害

随着气温上升，蚜虫、夜蛾、菜粉蝶等对植物造成危害的害虫也开始活跃起来。为了避免植物遭受虫害，预防很重要，将颗粒杀虫剂放在土壤表面即可有效地预防虫害。颗粒杀虫剂的药物成分可以被吸收到植物的根、叶中，害虫一旦啃食植物，就会被消灭。而且颗粒杀虫剂的有效时间较长，是防治害虫的好帮手。

自己动手DIY的基本技巧及各种道具的制作方法

接下来将为您介绍前面提到的
方凳、种植箱、桌子等的制作方法。
另外，针对DIY的初学者，
本书将为您讲解DIY所需的工具及其使用方法等。
DIY所需的材料，都可在超市、木材店买到。
涂成何种颜色？装饰哪些花草？
一旦制订好计划，就出发购买材料吧。

自己动手 DIY 的基本工具

下面将为您介绍DIY所需要的基本工具，事先备齐这些工具，可令制作过程更顺利。组装用的工具主要包括3种："测量""切割""连接"所需的工具。这些工具在超市或者五金店基本都可买到。

【组装用的工具】

手电钻

电动手钻可以在木材上钻孔，为拧螺钉做好准备。根据不同的需要，可以更换前端的钻头（本书中主要使用直径3mm的钻头）。用不同的力度按压电源按钮，可以调整手电钻的旋转速度。

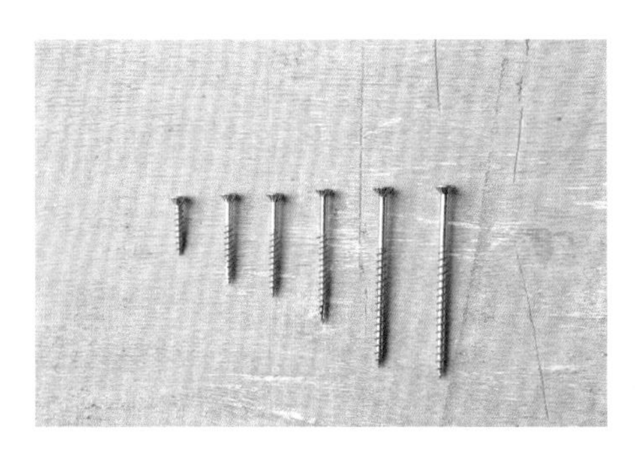

螺钉

螺钉可以固定、连接木板。螺钉的长度有许多种，本书中主要使用长度20～65mm、直径3.8mm的螺钉。预先准备好不同长度的螺钉，然后根据木板的厚度选择合适的使用。

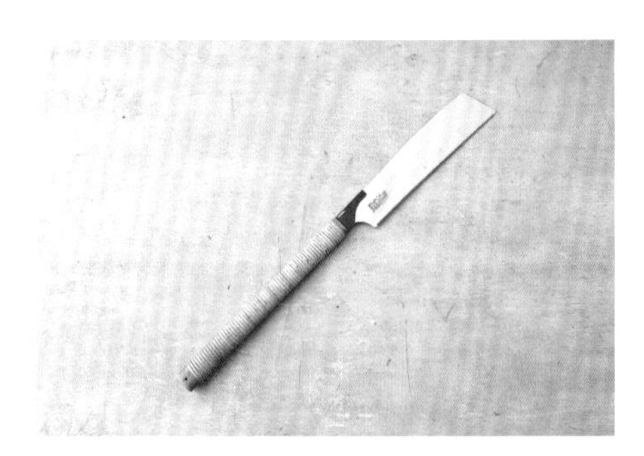

手锯

手锯分为单刃、双刃两种，初学者使用单刃手锯比较方便。将手锯往后拉的时候更容易锯动木材，因此可以在往后拉时更用力一些。不要小幅度地来回锯，充分使用整个锯面，可以锯得更直。

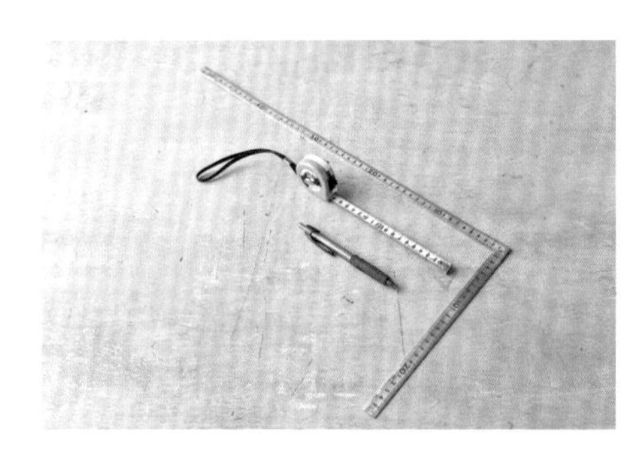

木工尺及卷尺

木工尺用来测量长度、垂直度，是必不可少的工具。可标出直角的L型木工尺尤其重要。卷尺往往需要在户外使用，最好选择防锈的不锈钢材质的。此外别忘了准备记号笔。

锤子

在制作木箱、桌子等的过程中，锤子主要用来将底板固定到框架中。此外，有些木材需要故意做旧，展现复古的风格，此时也需要用到锤子。

【涂漆用的工具】

漆

漆分为水性漆与油性漆两种。水性漆没有刺激性气味，晾干之后便不会溶于水了。所以在水性漆干燥之前可以用水清洗涂漆用的毛刷，很方便。而油性漆比水性漆更防水，更不易脱落。

毛刷

用毛刷涂抹完涂料之后，可先用报纸等擦拭毛刷。如果涂料是水性漆，可直接用水清洗毛刷。如果涂料是油性漆，可用油漆稀释剂进行清洗。最后再用洗涤液等清洗毛刷，就可以清洗得比较干净。

砂纸

砂纸可用来打磨木材。将木材的断面或边角用砂纸打磨平滑，方便组装。此外砂纸还可将木材表面的涂料磨掉。本书中较多用到的是100号砂纸。将砂纸包裹在一个木片上使用，可更加省力、高效地打磨。

油性着色剂

油性着色剂可以渗入木材，让木纹更加明显、美观。通过使用油性着色剂，可以让新木材展现出类似古旧木材的外观效果。但油性着色剂不具备保护木材的作用。另外，最好选用水溶性的油性着色剂，方便清洗毛刷。

糨糊

如果想让新制作的木桌显得古旧，展现复古风格，糨糊可以发挥不少作用。在涂过油性着色剂及漆的木材上，涂一层糨糊，然后再在糨糊上涂一层水性漆。水性漆干燥后就会产生均匀的裂纹，展现出古旧的韵味。

自己动手 DIY 的基本知识

下面将为您介绍关于木材的基本知识，以及拧螺钉、使用手电锯的方法和技巧。当您自己动手DIY种植箱、方凳等道具时都需要用到这些知识。

【本书中使用的木材】

本书中使用的木材都比较容易买到，而且这些木材具备较强的耐久度，便于初学者使用。而且在桌子、种植箱等的设计图中，大多使用了SPF㊀板材等尺寸较为普遍的木板材料。在木材上涂抹油漆后，还可延长木材的寿命。

左/材质较软、方便使用的SPF板材。
中/木材表面较白的欧洲云杉，质地较软，方便进行加工。
右/材质较硬、耐久度较高的杉木板。

【拧螺钉】

螺钉上的螺纹可嵌入木头，将木材紧密地连接在一起。使用手电钻，可以很方便地将螺钉拧入木材中。

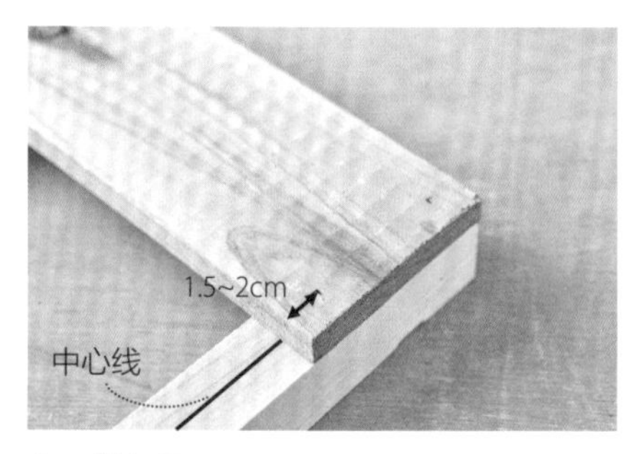

1　做标记

拧螺钉的理想位置在下方木材宽度的中心线上、上方木材距离边框1.5~2cm的位置。用木工尺（或卷尺）测量好距离，在需要拧入螺钉的位置做好标记。

2　打孔

初学者可以在拧螺钉之前，预先打孔。这样可以减少失误。给手电钻换上比螺钉直径略小的钻头，然后打孔。需要钻透上方的木材，再深入下方的木材少许即可。

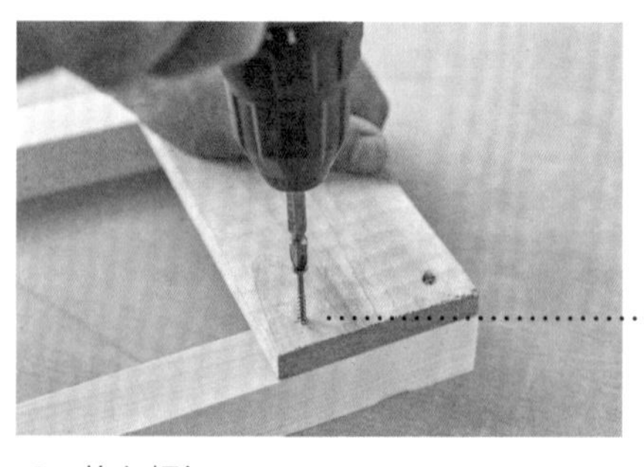

3　旋入螺钉

将螺钉插入孔内少许，将手电钻与螺钉的顶端匹配好，然后垂直地将螺钉旋入。另一只手最好按住木材，防止其滑脱。

螺钉的深度

螺钉需要贯穿上方的木材，然后深入下方木材2~3cm，这样较为理想。这就是需要根据木材的厚度选择合适长度的螺钉的原因。

木材会因为湿度不同而略微伸缩，所以购买的木材尺寸可能会有1~2mm的误差。如果不能平整地组装，可用刨将木材削薄一些。

㊀ Spruce-Pine-Fir的缩写。

● 拧螺钉时的技巧

首先需选择平整、牢固的场所。让手电钻与螺钉、孔洞呈一条直线，垂直地向下慢慢用力，这样就可将螺钉垂直地旋入木材，而且手电钻也不易发生空转。如果在有木节的位置拧螺钉，则较难拧入，而且木头容易裂开。所以这种情况下必须预先打孔，并且小心地操作。

有木节的位置需格外小心

在有木节的位置拧螺钉，较难顺利地拧入，需要谨慎地操作。另一只手需要将木板按稳。

边沿部分容易裂开

如果在木材的边沿部位拧螺钉，而且不预先打孔，木板很容易开裂。所以最好预先打孔，来保证成品美观。

【以“L形”锯开木材】 锯之前一定先用木工尺画好线。将木材放到台子上，固定在便于发力的高度，可更方便地锯开。

1 锯齿垂直于木纹

使锯齿垂直于木纹。把锯向后拉的时候比较容易锯动木头，所以最好拉锯的时候多用些力。另一只手牢牢按住木材。

2 把锯立起来

快锯完的时候，需要把锯立起来，垂直于地面锯。如果斜着锯入木材，锯的时候很费力。为了让锯保持垂直，可将食指按在锯背上。

3 锯齿平行于木纹

使锯齿平行于木纹。如果严格对着线开始锯，由于受到木屑的影响，会稍稍锯到线的内侧。所以从稍微偏线外的位置锯，则恰到好处。

【用砂纸打磨】 将木材组装到一起之后，一定要用砂纸打磨，使用100号的粗砂纸即可。把砂纸裹在一个木片上，使用时更好发力。

打磨切口及边角

本书介绍的所有木桌、种植箱等，都需要在涂漆之前用砂纸打磨，将木材的表面打磨光滑。而且，打磨木材的切口及边角，还可以防止木材开裂。尤其是桌子腿、椅子腿的底面，由于剧烈磨损，这些位置很容易开裂，需要精心打磨。此外，涂漆之后再用砂纸打磨，可磨掉一部分漆，让桌椅显出古旧的韵味。

方凳（p. 8）的制作方法及涂漆方法

【完成尺寸】（长×宽×高）

大方凳　367mm×366mm×669mm

小方凳　367mm×366mm×419mm

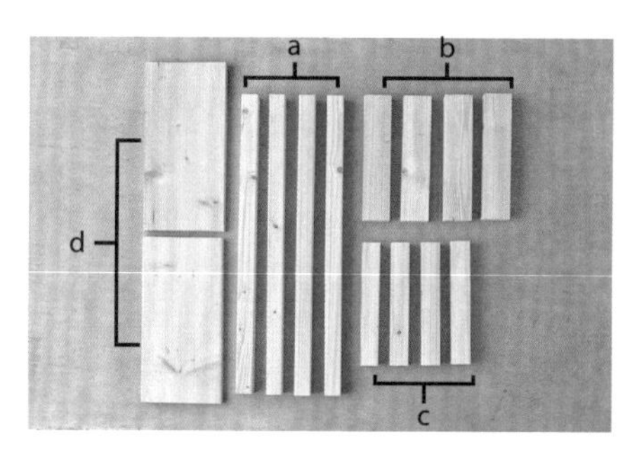

使用的木材　（板材尺寸为长×宽×厚）

a　SPF板材　650mm×37mm×37mm　4根
制作小方凳时，需要把a的长度切割为400mm

b　欧洲云杉　270mm×60mm×30mm　4根

c　欧洲云杉　270mm×40mm×30mm　4根

d　SPF板材　367mm×183mm×19mm　2块

● 展开图

使用的螺钉

- 长65mm　32个
- 长35mm　8个

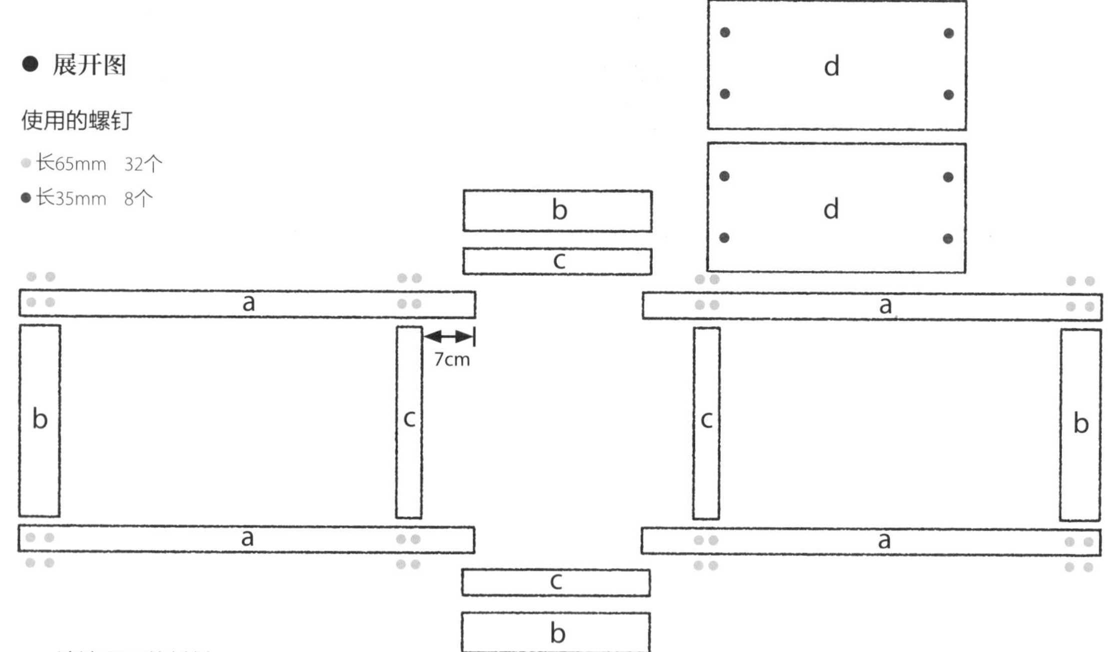

涂漆所用的材料

- 油性着色剂
- 水性漆（浅蓝色）
- 油性涂料（浅棕色，也可使用油性着色剂）
- 糨糊
- 砂纸（100号）

p.14的方凳的涂料颜色是深绿色。p.15的方凳并未涂漆，只涂了一层油性着色剂，然后用泥土做旧。

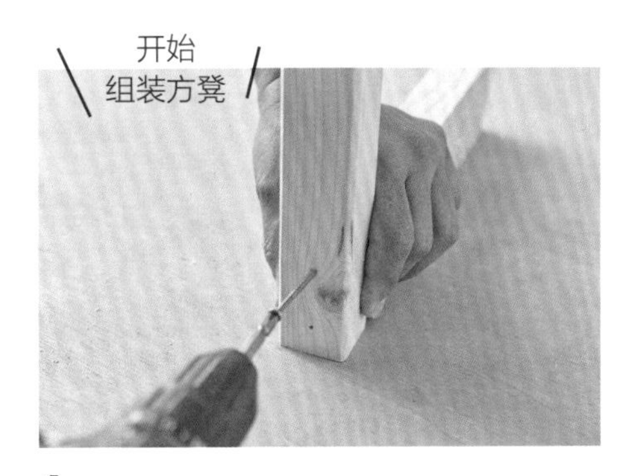

1

将凳腿（a）的上端与连接板（b）的上端对齐。将2块木头放稳，旋入2根长65mm螺钉（第1～4步都使用这种螺钉）。旋入螺钉的位置在凳腿（a）的中心线上、连接板（b）的上下两端各向内1.5～2cm的位置。旋入螺钉之前，最好预先打孔。

2

将横木（c）的下端，与距离凳腿（a）底端7cm的位置对齐，旋入2根螺钉固定。横木的另一端也与另一侧的凳腿固定好。然后以相同方式固定另一组凳腿和横木，制作好方凳的2个侧面。

3

将2个侧面连接起来。首先把一个侧面倒立着摆在地上，将连接板（b）与侧面摆成直角。旋入2根螺钉。注意新旋入的螺钉不要碰到之前的螺钉，可以上下各错开一些距离。以同样的方式用螺钉固定好横木（c）。

4

以同样的方式将另一个侧面固定到第3步完成的部分上，形成方凳框架的3个面。最后将剩下的连接板（b）、横木（c）固定好，形成没有凳面的方凳框架。

5

用砂纸打磨框架的边和角，将边和角打磨光滑。特别是凳腿的底面，使用过程中的强烈磨损很容易造成木材开裂，所以要精心地打磨光滑。

6

在涂抹油性着色剂之前，用砂纸打磨木材的表面，可令油性着色剂更好地渗入木头。

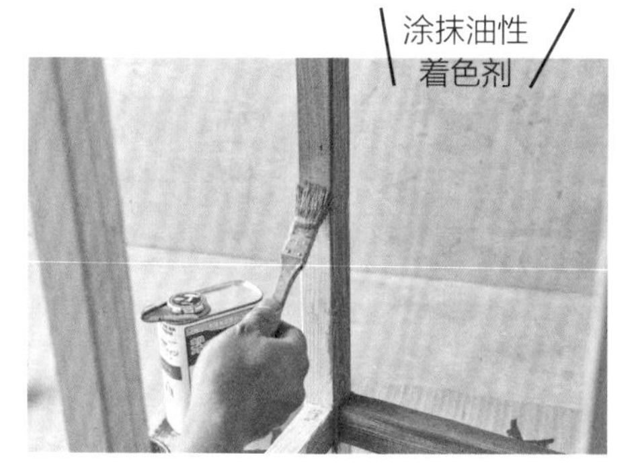

7

为了涂抹得均匀，最好先将油性着色剂的铁罐摇一摇，然后再将油性着色剂倒入容器。可在地面铺一层硬纸板，防止涂抹时弄脏地面。用毛刷顺着木头纹理涂抹油性着色剂，一次不要涂太多，涂得薄而均匀才显得美观。

8

将方凳框架倒置于地面，均匀地涂抹油性着色剂，然后晾干。晾干的时间因季节、天气而不同，大致需要0.5～1h。为了防止框架粘在硬纸板上，可以在四个角各垫一个木片。

9

用手指蘸着糨糊涂抹到整个框架上。如果想着重凸显古旧的韵味，就把糨糊涂得厚一些。如果糨糊干透之后再涂漆，就很难展现油漆剥落的古旧韵味，所以涂完糨糊1h之后就需要立刻开始第12步。

10

用砂纸打磨方凳的面板（d），将边、角打磨光滑。然后用铁锤敲打面板，造成一些磕伤可令方凳显得更陈旧、复古。如果没有铁锤，也可把面板在地上摩擦，形成一些摩擦痕迹。

11

由于方凳需要摆在庭院中，所以最好在面板上涂抹油性漆。因为油性漆更耐雨水及紫外线侵蚀。先涂面板的背面，确认好色泽之后再涂正面，可减少失误的风险。别忘了涂抹面板的侧面。涂好后晾干。

12

用毛刷顺着木头的纹理涂抹浅蓝色的水性漆，将整个框架涂均匀。涂到螺钉的位置时，可按压毛刷，让涂料渗入圆孔内，令整体外观均匀而美观。

13

涂抹完水性漆之后，静置1h晾干。

14

用砂纸轻轻打磨需要做旧的部位。轻轻打磨之后，表面的水性漆会脱落一部分，露出下面的褐色油性着色剂，令方凳展现出古旧的韵味。

15

做旧的诀窍是合理搭配打磨、不打磨的区域，令整体显得自然。最好时不时地离远一些观看整体的效果，调整打磨的力度及位置。此外，还需考虑到使用过程中方凳也会变旧，不要过度打磨。

16

方凳的面板油漆干燥后，用稍微有些湿润的土壤打磨面板，这是为了让面板也显得古旧。面板被土弄脏之后，再将土壤清理掉。

17

将2块面板对齐，背面向上摆到地上。将方凳框架放在面板上，用笔画出两者接合部分的轮廓线。

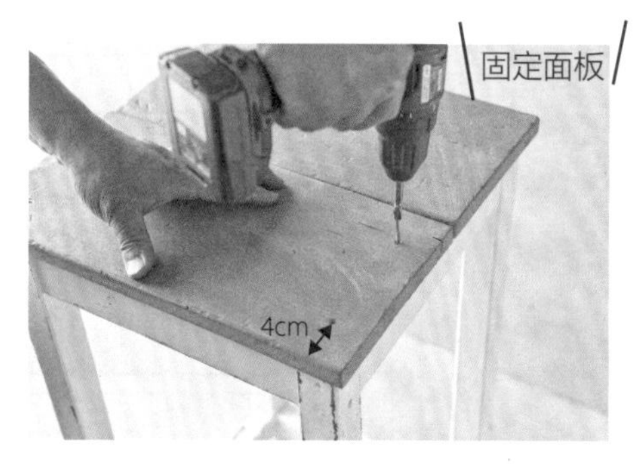

18

将方凳框架立起来，面板按照第17步的轮廓线摆放，然后在8个位置旋入长35mm的螺钉固定。旋入螺钉的位置距离面板的两边各4cm，这样最为美观。

种植箱外壳（p.16）的制作方法

【完成尺寸】（长×宽×高）
540mm×246mm×223mm

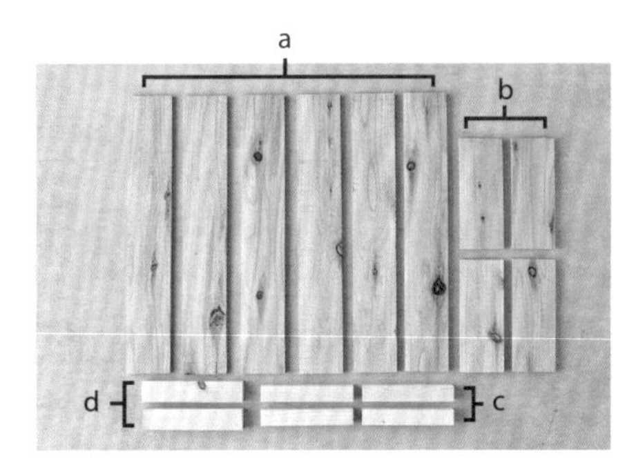

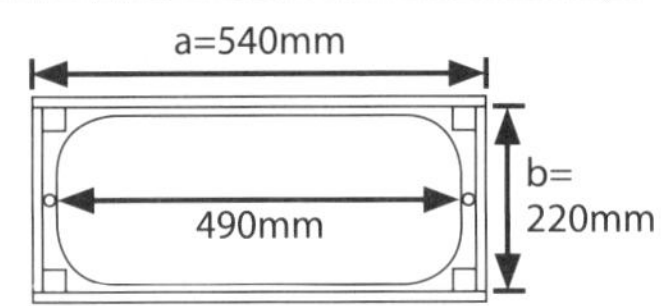

使用的木材（板材尺寸为长×宽×厚）

- **a** 杉木板 540mm×87mm×13mm 6块
- **b** 杉木板 220mm×87mm×13mm 4块
- **c** 欧洲云杉 180mm×30mm×30mm 4根
- **d** 欧洲云杉 195mm×40mm×30mm 2根

●计算木材尺寸的方法

上面列出的木材的尺寸适用于长490mm、宽220mm、高175mm的种植箱。如果您的种植箱不是这个规格的，可运用下列公式计算出所需木材的尺寸。

- a的长度=种植箱的长度+50mm
- b的长度=种植箱的宽度±0mm
- a、b的宽度=种植箱的高度÷2
- c的长度=种植箱的高度+5mm

为了方便放入、拿出种植箱，需要在种植箱与外壳之间留出2cm左右的空隙。种植箱需要选择四个角呈圆弧形的种类。

● 展开图

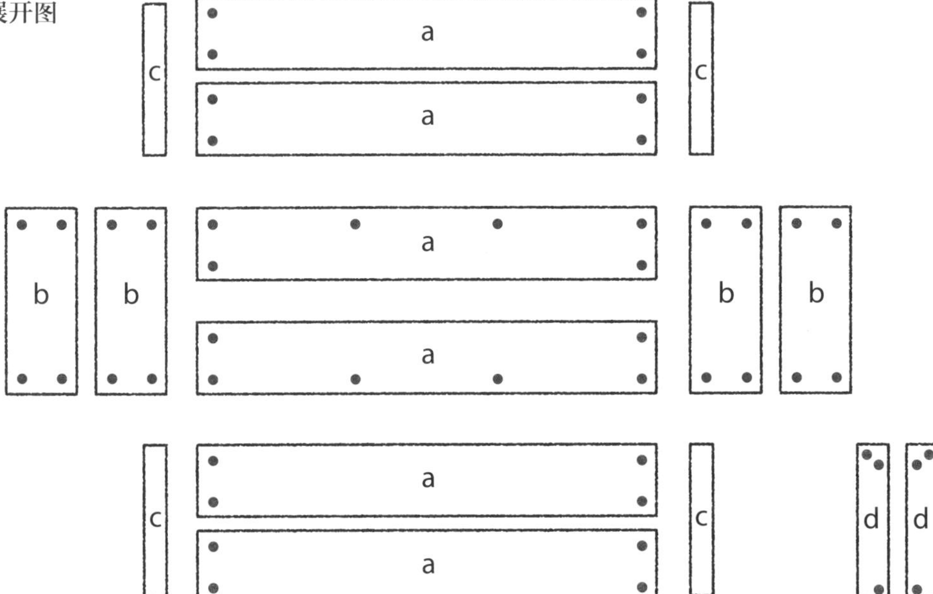

使用的螺钉

●长35mm 52个

涂漆所用的材料

- 水性漆（青灰色、黑灰色2种颜色）
- 糨糊
- 砂纸（100号）

涂漆方法：先涂青灰色水性漆作为底漆，然后涂抹黑灰色水性漆。p.24的种植箱先涂了一层油性着色剂，然后涂抹乳白色的油漆。

1

首先制作种植箱外壳的侧面。把侧面板（b）的上端与支柱（c）的上端对齐，在支柱（c）的中心线上、距离侧面板（b）上下两边1.5cm的位置做好标记。在做标记的位置预先打孔，然后旋入螺钉固定。

2

在支柱（c）的下端，采用与第1步相同的方法固定另一块侧面板。两块侧面板之间留一些缝隙。在侧面板的另一端，用同样的方式固定另一根支柱，于是种植箱外壳的一个侧面就完成了。然后再以同样方式制作另一个侧面。

3

在第2步的侧面固定正面的长板（a）。长板的上端与侧面对齐，在距离上下两边1.5cm的位置做标记，在上方的标记处稍稍将螺钉拧入一部分。下面也以同样方式固定另一块长板，且同样只将螺钉拧入一部分。调整长板的位置，令其笔直摆放，然后将螺钉完全拧入。

4

在第3步中固定的2块长板（a）的另一端，也用同样的方式进行固定。这2块长板只在最外端旋入螺钉，所以等四个角都固定之后，再将其余位置的螺钉旋入。将2块长板固定牢固。

5

按照第3、4步，在另一侧也固定好2块长板（a）。于是种植箱外壳的框架便制作好了。

6

固定底板（a）。如图所示，将2块底板分别与框架各个角对齐，在距离底板上下两边1.5cm的位置旋入螺钉。由于底板较窄，最好预先打孔，然后再旋入螺钉。

7

固定好底板（a）的两端之后，在底板长度三等分的2处位置（距离两端17.5cm的位置），旋入螺钉，起到加固作用。由于底板较薄，最好预先打孔，然后再旋入螺钉。

8

为了更好地排水，为底板加装底座（d）。底座可随意安放，但为了不影响种植植物后的整体美观，选择距离侧面3cm、距离前面2.5cm的位置固定底座。

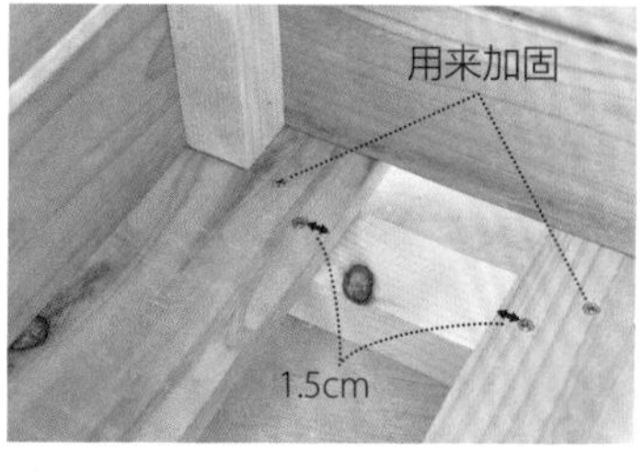

9

从内侧旋入螺钉固定底座（d）。在底座的中线上、距离底板边1.5cm的位置旋入螺钉，再在斜后方旋入1个加固用的螺钉。其他的3处也用相同方式旋入螺钉。然后按照p.95～97的第5~15步的方法打磨、涂漆，就全部完成了。

带把手的种植箱（p.20）的制作方法

【完成尺寸】（长×宽×高）
450mm×166mm×413mm

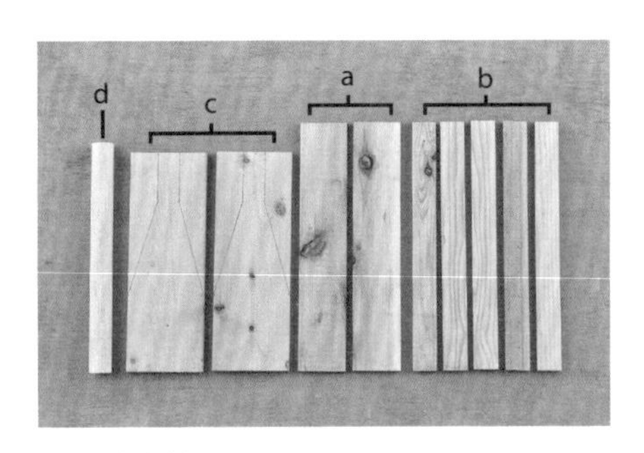

使用的木材　（板材尺寸为长×宽×厚）

a　杉木板　450mm×87mm×13mm　2块

b　杉木板　450mm×43mm×13mm　5块

c　SPF板材　400mm×140mm×20mm　2块

d　圆木棍　长410mm，直径40mm　1根

● 展开图

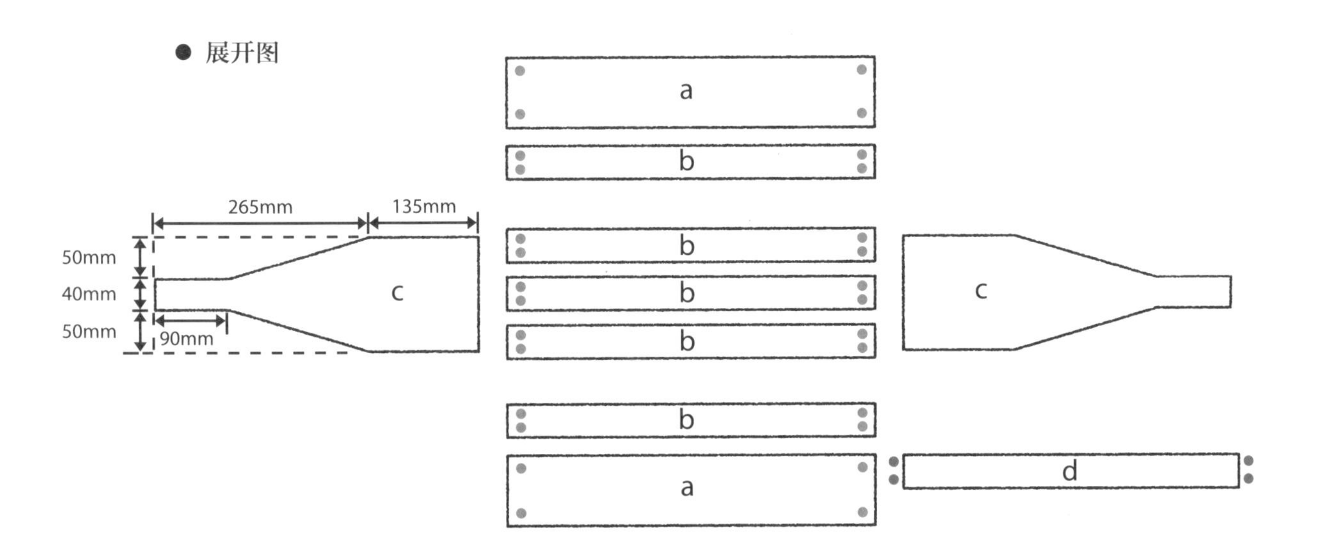

使用的螺钉

● 长60mm　4个
● 长45mm　28个

涂漆所用的材料

· 水性着色剂
· 水性漆（米黄色、黄绿色2种颜色）
· 糨糊
· 砂纸（100号）

涂漆方法：先涂一层水性着色剂作为底色，然后依次涂抹米黄色、黄绿色水性漆。p.25的种植箱并未涂漆，只涂了一层油性着色剂，然后用泥土做旧。

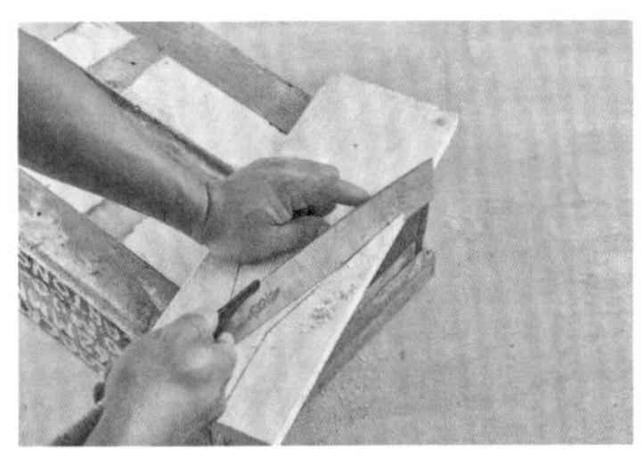

1

在侧面板（c）上面，按照p.100的展开图那样画线，然后用锯沿着线的外侧将多余部分锯掉。另一块侧面板也照此处理。

2

通过第1步加工后，侧面板上部变得较细。将圆木棍（d）放在较细的部位，用笔画出轮廓线。

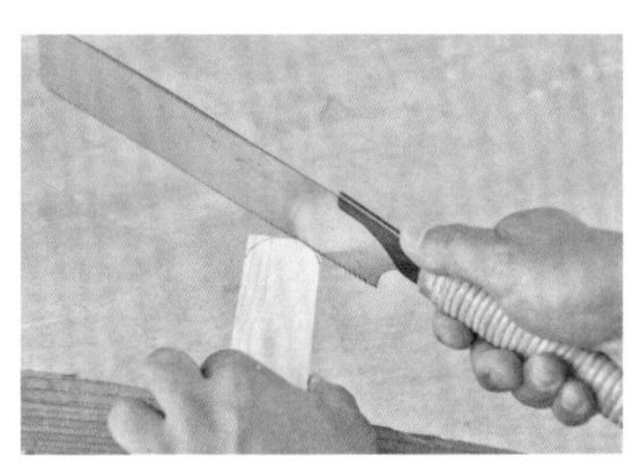

3

用锯沿着第2步中画下的轮廓线外侧，将多余的部分锯掉。每次锯一小部分，分多次锯完，尽量锯成半圆形。

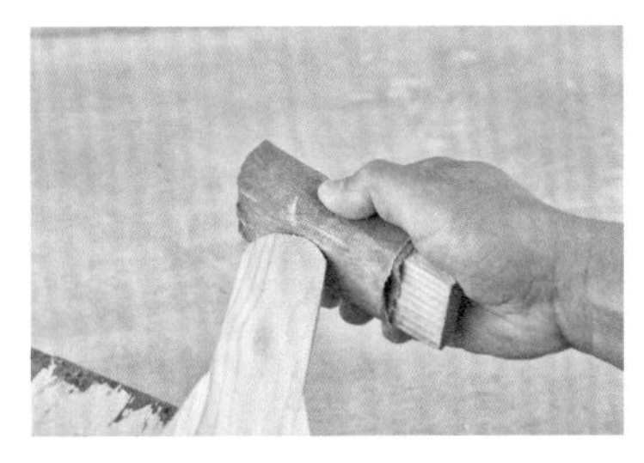

4

用砂纸打磨侧面板（c）上面的切口，打磨光滑。上部的半圆形部分尽量打磨光滑，中部逐渐收窄的部分也需反复打磨，将2块侧面板的外形调整美观。

5

将正面长板（b）与侧面板（c）的下端对齐，等间距旋入2个长45mm的螺钉（以下直到第8步都使用这种螺钉）。由于正面长板比较窄，一定要预先打孔之后再旋入螺钉。

6

将正面长板（a）与侧面板（c）对齐，正面长板（a）与正面长板（b）之间留出5mm缝隙。在距离正面长板（a）上下两长边1.5cm的位置旋入螺钉。2块正面长板的另一端也按照第5、6步的方法固定在侧面板上。然后在另一侧固定另外2块正面长板。

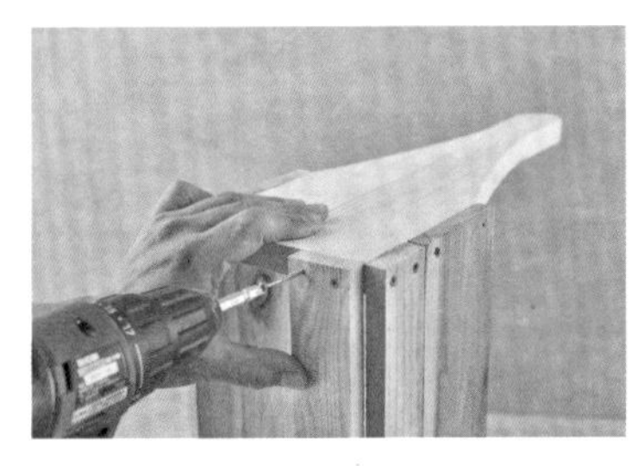

7

安装底板（b）。首先将底板与侧面板（c）的一角对齐，在距离底板上下两边1.5cm的位置旋入2个螺钉。底板的另一端也同样旋入2个螺钉。旋入螺钉之前最好预先打孔。

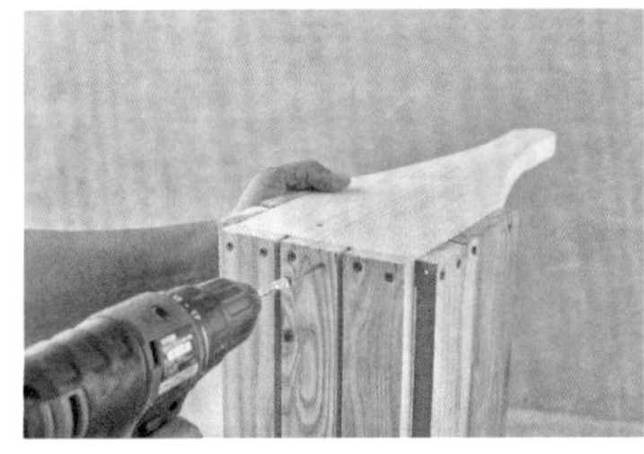

8

在侧面板（c）的另一角，按照与第7步相同的方法固定另一块底板（b）。在中央空出来的区域放置第3块底板（b），令两边留出的缝隙相等，然后按照与第7步相同的方法固定底板。

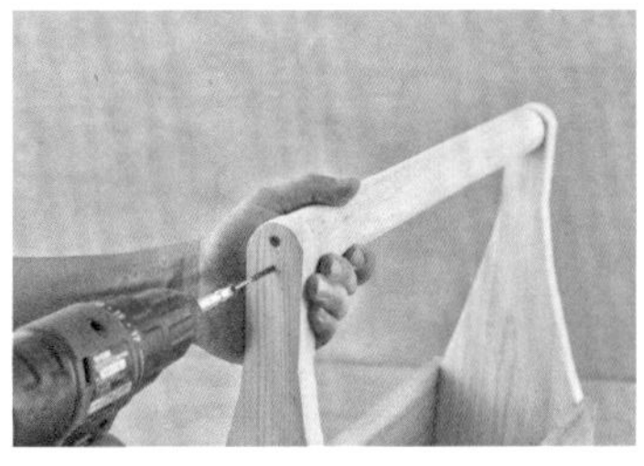

9

将作为把手的圆木棍（d）安装到侧面板上部。将圆木棍与侧面板上部对齐，在距离圆木棍上下各1cm的位置做标记，然后在标记处打孔并旋入2个长60mm的螺钉，另一端也如此处理。然后按照p.95~97的第5~15步的方法打磨、涂漆，就全部完成了。

木箱（p. 40）的制作方法

【完成尺寸】（长×宽×高）
450mm×301mm×261mm

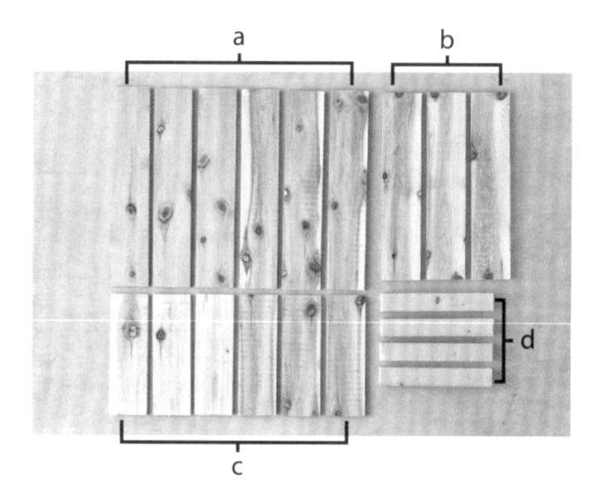

使用的木材　（板材尺寸为长×宽×厚）

- **a**　杉木板　450mm×87mm×14mm　6块
- **b**　杉木板　423mm×87mm×14mm　3块
- **c**　杉木板　273mm×87mm×14mm　6块
- **d**　欧洲云杉　247mm×40mm×30mm　4根

● 展开图

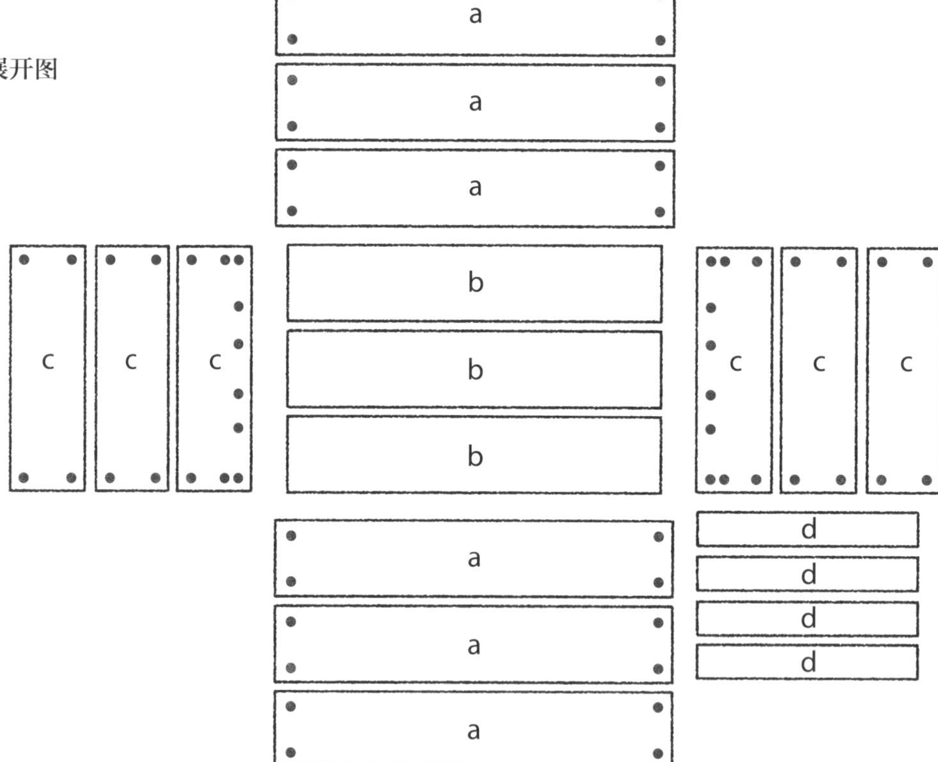

使用的螺钉

●长35mm　60个

涂漆所用的材料

- 水性着色剂
- 砂纸（100号）

涂漆方法：涂抹水性着色剂，然后按照p.97的第16步的方法用泥土做旧。

1

将支柱（d）横放于地面，让其30mm宽的面向上。将侧面板（c）与支柱（d）对齐，在支柱的中心线上、距离侧面板上下两边1.5cm的位置预先打孔，随后只在上面的孔里旋入螺钉。然后摆好第2块侧面板，在距离上下两边1.5cm的位置打孔，但不旋入螺钉。

2

摆好第3块侧面板（c）。在距离侧面板上下两边1.5cm的位置做标记，但侧面板的下端已经超出了支柱，所以要在距离支柱下端1.5cm的位置打孔，然后只在这个孔里旋入螺钉。一边稍微向前推第3块侧面板，一边旋入螺钉，可尽量消除侧面板之间的缝隙。

3

在另一侧也将支柱（d）固定好。在已经打孔却没有旋入螺钉的位置（两侧加起来共8处）旋入螺钉，固定牢固。然后重复以上步骤，制作木箱的另一面。

4

如图所示，将长板（a）与第3步制作的木箱侧面对齐，在距离长板上端1.5cm、侧边3cm的位置旋入螺钉。

5

按照第1~3步的方式摆好3块长板（a），然后旋入螺钉固定。旋入螺钉的位置是距离长板上下两长边1.5cm、侧边3cm处，最好预先打孔。

6

另一侧也用同样的方法固定3块长板（a），制作好木箱的框架。

7

安装底板（b）。如果底板有些长，无法放入第6步的框架中。可以用刨调整木板的长度，或者用铁锤将长板砸入框架。因为木板会因为湿度而略微伸缩，有时需要进行微调。

8

将底板（b）与框架的角对齐，然后在侧面距离底板两长边1.5cm的位置旋入螺钉。由于底板比较窄，需要预先打孔之后再旋入螺钉。另一端也用同样的方法固定。框架的另外两个角也同样与另一块底板对齐，然后用螺钉固定。

9

放入第3块底板（b），让长边两侧留出的缝隙相等。然后按照之前的方法打孔、旋入螺钉固定。固定第3块底板（b）时，可用手按住木箱的侧面，这样有助于固定住底板。然后按照p.95、p.96第5~8步的方法打磨，涂抹油性着色剂，就全部完成了。

花车（p.26）的制作方法

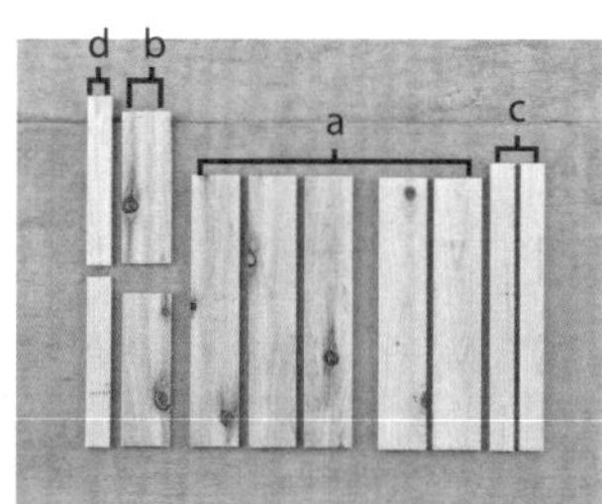

【完成尺寸】（长×宽×高）

537mm×360mm×760mm （包括车子扶手）

箱子 507mm×330mm×102mm

使用的木材 （板材尺寸为长×宽×厚）

（箱子）

- **a** 杉木板 480mm×87mm×15mm 5块
- **b** 杉木板 270mm×87mm×15mm 2块
- **c** 欧洲云杉 507mm×43mm×15mm 2块
- **d** 欧洲云杉 300mm×43mm×15mm 2块

（车子）

- **e** 欧洲云杉 509mm×43mm×15mm 2块
- **f** 欧洲云杉 300mm×43mm×15mm 2块
- **g** 杉木板 509mm×87mm×15mm 3块
- **h** 欧洲云杉 630mm×28mm×28mm 2根
- **i** 欧洲云杉 274mm×28mm×28mm 1根
- **j** 杉木板 274mm×87mm×15mm 1块
- **k** 欧洲云杉 274mm×43mm×15mm 2块
- **l** 车轮 4个（附带螺钉）

● 展开图

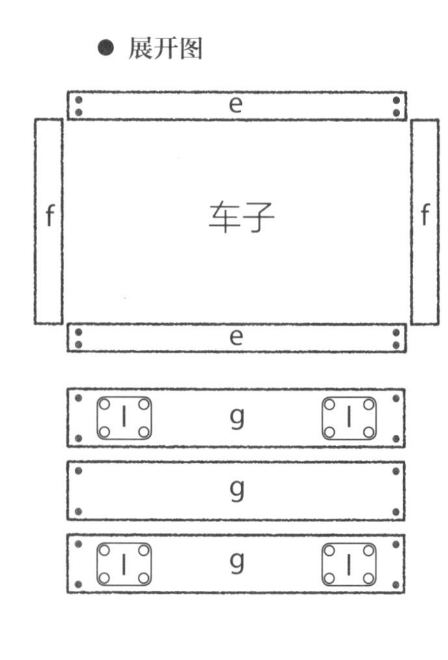

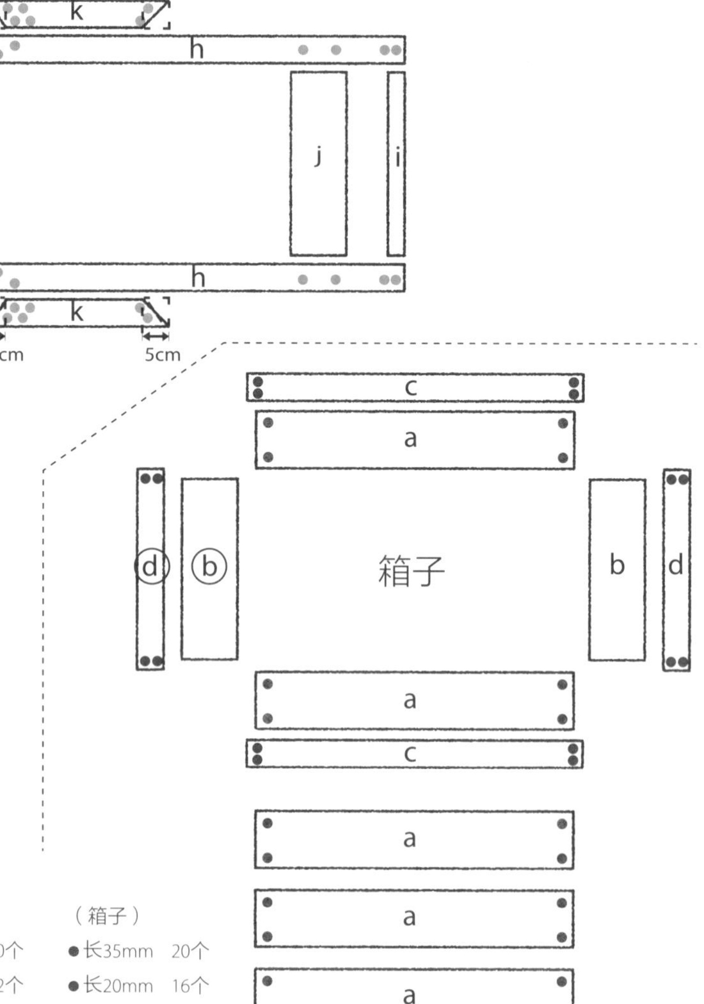

涂漆所用的材料

- 水性漆（白色、青灰色2种颜色）
- 糨糊
- 砂纸（100号）

涂漆方法：先涂白色水性漆作为底漆，然后涂抹青灰色水性漆。

使用的螺钉

（车子）

- ●长35mm 20个
- ●长30mm 12个
- ●长45mm 12个

（箱子）

- ●长35mm 20个
- ●长20mm 16个

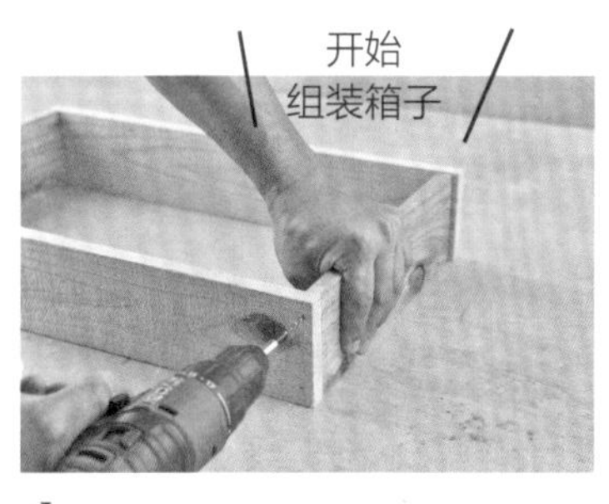

1

制作箱子的框架。将侧面板（b）与长板（a）对齐，在距离长板（a）的上下两长边1.5cm的位置打孔。四个角都照此方法预先打孔。

2

在第1步中打好的孔内旋入长35mm的螺钉，将四个角都固定好。

3

安装底板（a）。首先摆好2块底板（图中外侧两块板），让两底板的角分别与框架的角对齐。接下来将第3块底板摆在中央，两边留出的缝隙相等。然后分别在距离每块底板上下两长边1.5cm的位置打孔，共有12个孔。最后在框架的四个角的孔内旋入长35mm的螺钉。

4

在第3步中预先打好的其余的孔内旋入长35mm的螺钉。

5

在侧面板（b）上固定木条（d）。将第4步制作的箱子倒扣于地面，将木条（d）与箱子的角对齐。在木条上下两边1.5cm处、距离侧面板左端1.5cm的位置旋入2个长20mm的螺钉。木条的右边也按照同样的方法固定。然后，箱子的另一个侧面也同样固定上木条。

6

在长板（a）上固定木条（c）。将木条（c）与第5步中固定的木条（d）对齐。在木条（d）的断面上、距离木条（c）上下两长边1.5cm的位置旋入2个长20mm的螺钉。由于木条狭窄，需要预先打孔之后再旋入螺钉。木条（c）的另一端也用同样的方法固定。

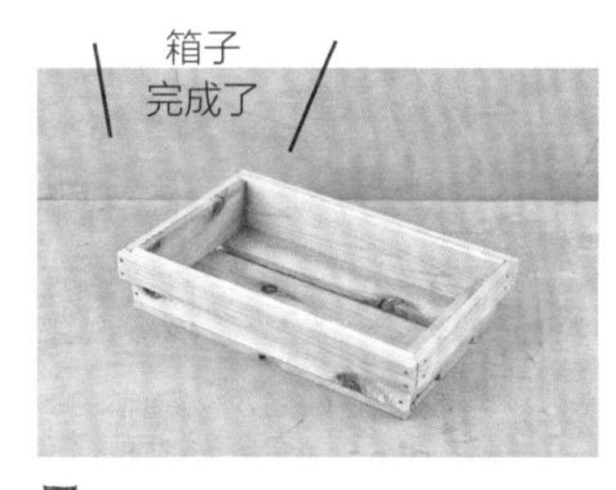

7

在另一侧也按照第6步的方法固定木条（c），箱子部分就制作完成了。

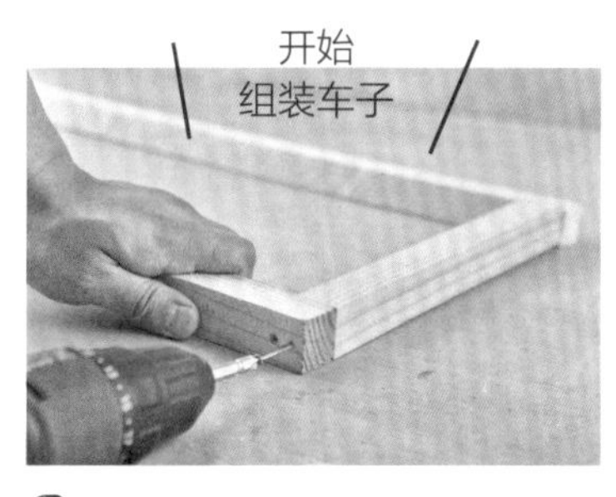

8

制作花车的扶手。将长木板（h）与短木板（i）对齐，组成扶手的框架，然后旋入2个长45mm的螺钉。由于扶手框架的木板较窄，需要预先打孔。另一侧也旋入螺钉固定。

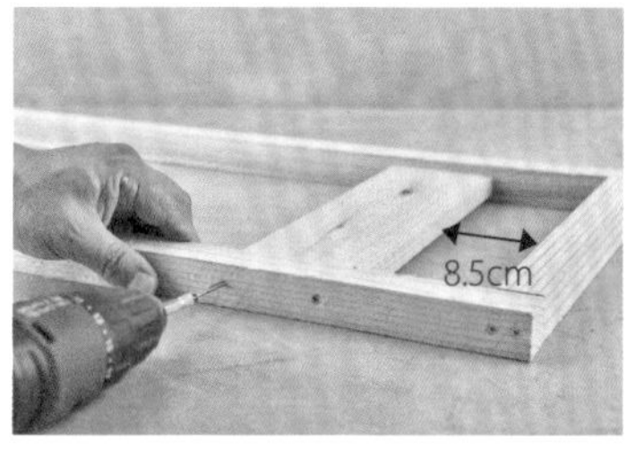

9

在短木板（i）下方8.5cm的位置，安装木板（j），用来加固及装饰。木板（j）比较薄，选择远离木板长边的位置预先打孔，然后旋入2个长45mm的螺钉。

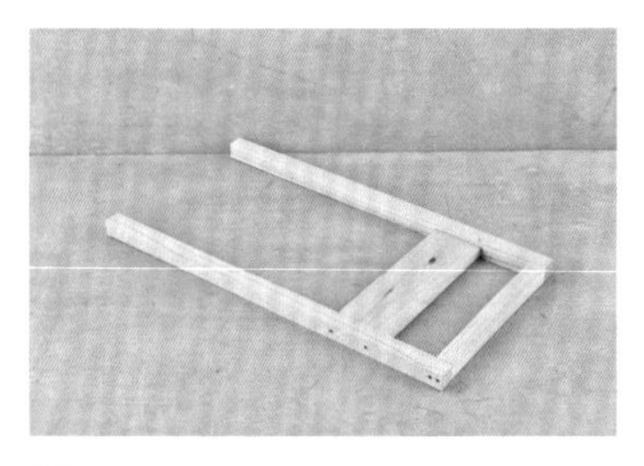

10

采用第9步的方法，在另一侧也用长45mm的螺钉固定好木板（j）。

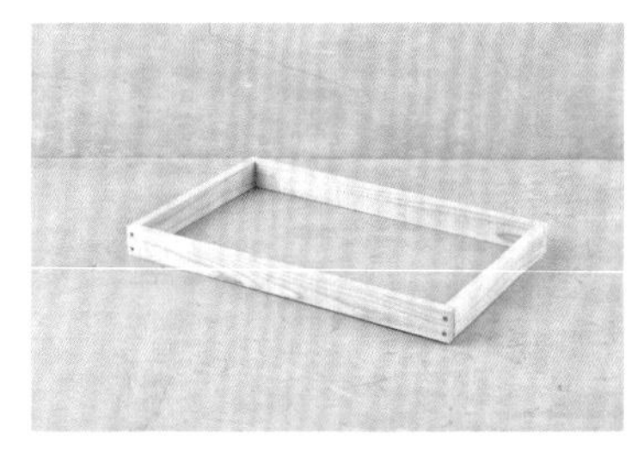

11

制作车子的框架。将长板（e）与侧板（f）对齐，在距离长板（e）上下两长边1.5cm的位置打孔，然后旋入2个长35mm的螺钉。四个角都按照这个方法进行固定。

12

安装底板（g）。首先将左右两边的2块底板（g）摆好（如图所示，将底板的边沿与侧板对齐，并非与长板对齐）。然后摆放中间的第3块底板（g），令两边留出的缝隙相等。在距离底板上下两长边1.5cm的位置打孔，总共有12处。最后在4个角的孔洞里旋入长35mm的螺钉。

13

将底板的位置调整好，然后在其余的8处孔洞内旋入长35mm的螺钉。

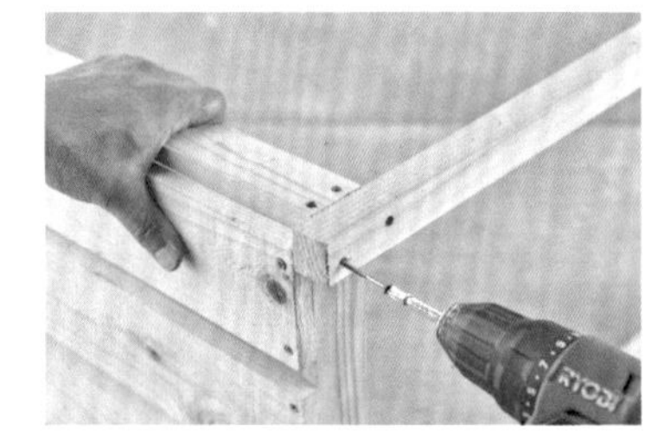

14

将第10步的扶手框架连接到第13步的木箱的短边上。将扶手框架与木箱的角对齐，旋入2个长45mm的螺钉。螺钉呈对角线排列，这样可增加牢固度。

15

按照第14步的方法，将扶手框架的另一侧也用长45mm的螺钉固定到木箱上。

16

制作花车的加固板（k）。在距离加固板（k）的一端4cm的位置做标记，然后斜着锯下一角。在加固板（k）同一条边上距离另一端5cm的位置做标记，然后斜着锯下这个角。另一块加固板（k）也照此操作，然后用砂纸打磨切口。

17

将第16步制作的加固板（k）有4cm标记的一端与木箱底对齐，有5cm标记的一端与扶手框架对齐。然后在扶手框架位置旋入2个长30mm的螺钉，在木箱位置旋入4个长30mm的螺钉，固定好加固板。

18

按照p.95~97第5~15步的方法打磨、涂漆（照片中是涂漆之前的样子）。最后，在距离车子短边5cm的位置摆好车轮，然后打孔、旋入车轮附带的螺钉。安装好4个车轮之后就全部完成了。

双层木桌（p.56）的制作方法

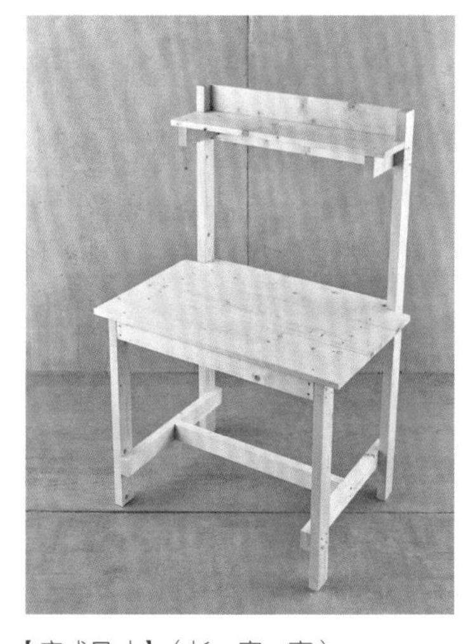

【完成尺寸】（长×宽×高）
840mm×546mm×1280mm

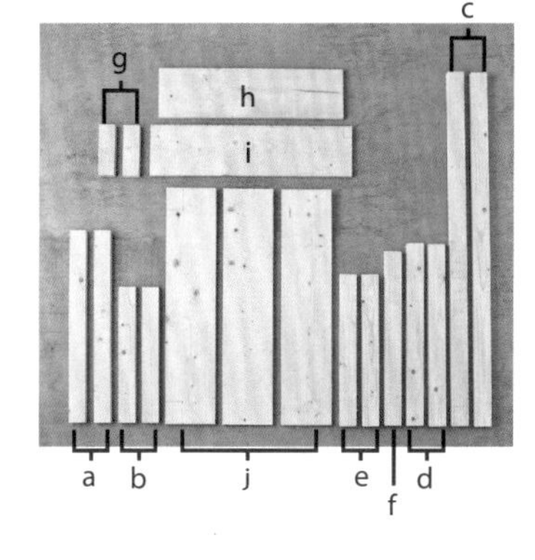

使用的木材　（板材尺寸为长×宽×厚）

a	欧洲云杉	680mm×60mm×30mm	2根
b	欧洲云杉	480mm×60mm×30mm	2根
c	欧洲云杉	1280mm×60mm×30mm	2根
d	欧洲云杉	650mm×60mm×30mm	2根
e	欧洲云杉	540mm×60mm×30mm	2根
f	欧洲云杉	620mm×60mm×30mm	1根
g	欧洲云杉	183mm×60mm×30mm	2根
h	SPF板材	680mm×182mm×19mm	1块
i	SPF板材	740mm×182mm×19mm	1块
j	SPF板材	840mm×182mm×19mm	3块

● 展开图

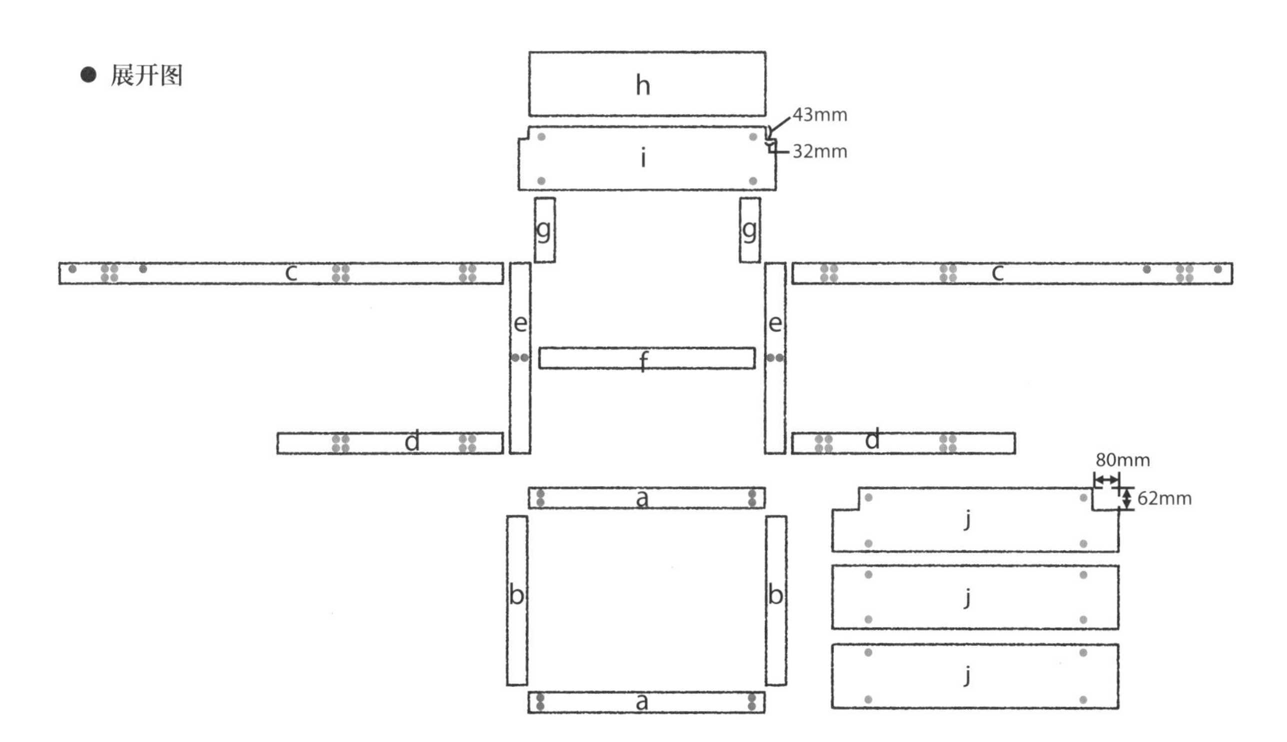

使用的螺丝钉

- ●长60mm　16个
- ●长45mm　56个

涂漆所用的材料

- 水性着色剂
- 水性漆（白色）
- 糨糊
- 砂纸（100号）

涂漆方法：桌腿先涂一层水性着色剂，然后涂抹白色的水性漆。桌子的面板只涂了一层着色剂，然后用泥土做旧。p.62的双层木桌，桌腿涂抹靛蓝色的水性漆，桌面涂抹白色的水性漆之后用砂纸打磨做旧。

1

制作桌子的框架。将长板（a）与侧板（b）对齐，在距离长板（a）上下两长边1.5cm的位置打孔，然后旋入2个长60mm的螺钉。

2

采用同样方法固定四个角，桌子的框架便完成了。由于木头的尺寸会有细微误差，所以用螺钉固定之前最好预先摆一下，查看4根木板是否能组成规则的长方形。

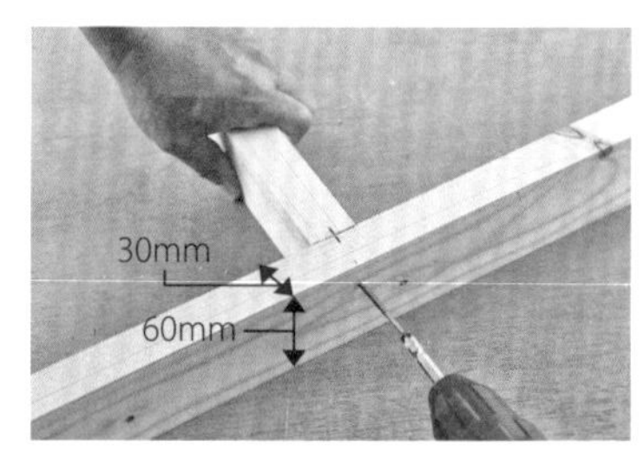

3

制作“工”字形的加固梁，用来加固桌腿。在短板（e）的正中央画一条竖线，在长板（f）的截面中央也画一条竖线。如图所示，将2块木板的竖线对齐，沿着竖线上下旋入2个长60mm的螺钉，将2块木板固定在一起。

4

在另一端也按照第3步的方法进行固定，“工”字形的加固梁便完成了。

5

将长桌腿（c）与短桌腿（d）对齐后摆在一起。在长桌腿上与短桌腿等高的位置做标记，标记线要画在长桌腿的全部四个面上。

6

在第2步的桌子框架上安装桌腿。桌子是长方形的，注意不要把长、短桌腿的位置安错。此外，还需注意将长、短桌腿的较宽的一面与框架连接。

7

将短桌腿（d）的上端与框架对齐，旋入4个长45mm的螺钉，4个螺丝钉呈正方形排列。旋入1个螺钉之后，用木工尺确认桌腿是否垂直，然后在对角线旋入另一个螺钉。另一根短桌腿也照此方法旋入4个螺钉固定。

8

安装长桌腿（c）。将第5步画出的线与桌子框架对齐，将1个长45mm的螺钉旋入少许。然后安装另一个长桌腿，同样只将螺钉旋入少许。将两条长桌腿都调整垂直之后，再完全旋入螺钉。需要按照第7步的方式将每个长桌腿都旋入4个螺钉。

9

这是4个桌腿全部安装好之后的样子。桌腿分别安装在桌子框架的左、右两边的外侧。需要检验桌子是否稳固、平衡，如果安装得有误差，需要在此时做调整。

10

在4个桌腿上安装第4步制作的“工”字形加固梁。在4个桌腿距离地面12cm的位置画一条线。将“工”字形加固梁的下方与画出的线对齐，如图所示，在同一连接处旋入4个长45mm的螺钉固定，4个螺钉排列成方形。

11

安装上层桌面的背板（h）。将桌子框架平放于地面、两条长桌腿在下面，然后将背板（h）恰好嵌入两条长桌腿的顶端之间。如图所示，在距离背板（h）的上下两长边1.5～2cm的位置旋入2个长60mm的螺钉，由于背板比较薄，需要预先打孔。

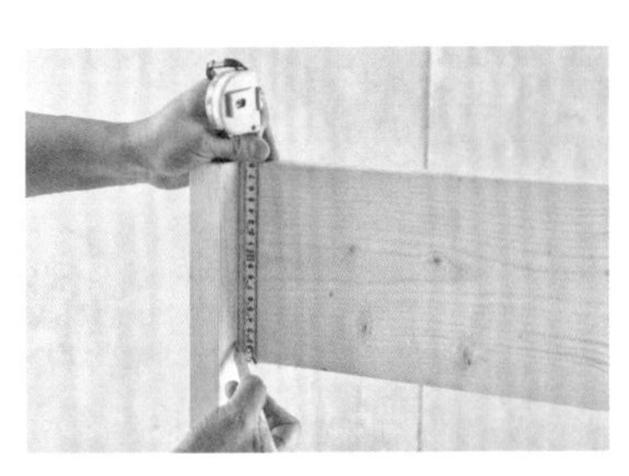

12

将卷尺垂直于背板（h）进行测量，在距离背板下长边2cm的位置画一条线。

13

如图所示，将支撑板（g）的下端与第12步画出的线对齐。在长桌腿上也画出支撑板（g）的平行线，这样在安装时容易保持水平。在长桌腿上距离支撑板上端1.5cm的位置旋入1个长45mm的螺钉，查看支撑板是否水平，然后在对角线再旋入一个螺钉。

14

再旋入2个螺钉，4个螺钉排列成方形。然后在另一侧，用同样方法固定另一块支撑板（g）。

15

加工桌子的桌面板（j）。在其中1块桌面板（j）的2个角上，分别画出长80mm、宽62mm的“L”形的线。沿着“L”线的外侧将桌面板的2个角锯掉（参考p.93）。

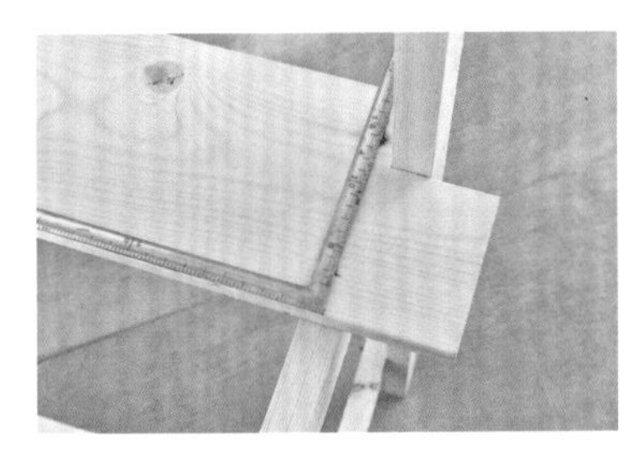

16

将第15步加工的桌面板，恰好嵌入桌子的框架中。在桌子框架的中心线、距离桌面板前端3cm的位置做记号。

17

在第16步做记号的位置旋入1个长45mm的螺钉，然后在这个螺钉向前的延伸线上、距离长桌腿较近的位置再旋入1个螺钉。桌面板的另一侧也同样旋入2个螺钉进行固定。然后安装剩下的2块桌面板，同样用螺钉固定。

18

在顶层板（i）的2个角上，也分别画出长43mm、宽32mm的“L”形线，然后将两角锯掉。将加工后的顶层板（i），嵌入第14步的支撑板上。在支撑板的中心线上、分别距离顶层板（i）两长边3cm的位置旋入2个长45mm螺钉。顶层板的另一端也用同样方法固定。最后按照p.95~97第5~15步的方法打磨、涂漆，就完成了。

植物名称索引

Original Japanese title: TEZUKURI NO STAND NI KISETSU NO HANA WO SUTEKI NI KAZARU CHISANA NIWA
by Kentaro Kuroda

设计　高市美佳
摄影　北川铁雄
采访　山本裕美
校对　兼子信子
编辑　广谷绫子

Original Japanese edition published by Ie-No-Hikari Association Simplified Chinese translation copyright © 2020, by China Machine Press Simplified Chinese translation rights arranged with Ie-No-Hikari Association, Tokyo, through The English Agency (Japan) Ltd., Tokyo and Shanghai To-Asia Culture Co., Ltd.

北京市版权局著作权合同登记　图字：01-2019- 6631号。

图书在版编目（CIP）数据

小庭院混栽与装饰技巧 /（日）黑田健太郎著；张永译. — 北京：机械工业出版社，2020.9（2023.7重印）
（爱上组合盆栽）
ISBN 978-7-111-65446-9

Ⅰ. ①小… Ⅱ. ①黑… ②张… Ⅲ. ①庭院 - 观赏园艺 Ⅳ. ①S68

中国版本图书馆CIP数据核字（2020）第068460号

机械工业出版社（北京市百万庄大街22号　邮政编码100037）
策划编辑：于翠翠　　责任编辑：于翠翠
责任校对：张玉静　　责任印制：常天培
北京宝隆世纪印刷有限公司印刷

2023年7月第1版第3次印刷
187mm × 260mm · 7印张 · 2插页 · 163千字
标准书号：ISBN 978-7-111-65446-9
定价：59.80元

电话服务
客服电话：010-88361066
　　　　　010-88379833
　　　　　010-68326294
封底无防伪标均为盗版

网络服务
机　工　官　网：www. cmpbook. com
机　工　官　博：weibo. com/cmp1952
金　　书　　网：www. golden-book. com
机工教育服务网：www. cmpedu. com